情绪变通力

杨婧 —— 编著

北京联合出版公司
Beijing United Publishing Co.,Ltd.

图书在版编目（CIP）数据

情绪变通力 / 杨婧编著 .—北京：北京联合出版公司，2025.2. — ISBN 978-7-5596-8221-5

Ⅰ . B842.6-49

中国国家版本馆 CIP 数据核字第 20241GJ759 号

情绪变通力

编　　著：杨　婧
出 品 人：赵红仕
责任编辑：杨　青
封面设计：韩　立
内文排版：盛小云

北京联合出版公司出版
（北京市西城区德外大街 83 号楼 9 层　100088）
德富泰（唐山）印务有限公司印刷　新华书店经销
字数 140 千字　　720 毫米 ×1020 毫米　1/16　10 印张
2025 年 2 月第 1 版　2025 年 2 月第 1 次印刷
ISBN 978-7-5596-8221-5
定价：46.00 元

版权所有，侵权必究
未经书面许可，不得以任何方式转载、复制、翻印本书部分或全部内容。
本书若有质量问题，请与本公司图书销售中心联系调换。电话：（010）58815874

前言 PREFACE

《周易》有云:"穷则变,变则通,通则久。"社会制度需要变通,为人处世需要变通,而对于人的情绪而言,更需要变通。

人生没有彩排,总会经历一些麻烦事,遇到一些麻烦人,这就是生活的常态。你在意什么,什么就折磨你;你计较什么,什么就困扰你。负面情绪往往会左右人的思考方式,当人受到负面情绪的影响,就会失去正确的判断力,有时即使是一件看似平常的事,也可能会因为不良情绪而做出误判。

做人别太固执,凡事不要过分执着。当一件事导致我们情绪消沉时,就需要尝试换个角度去看待这件事。不要跟别人较真,不要跟自己较劲,审时度势,积极主动地变通情绪,才能走出困境,到达彼岸。如果总是想着糟心的人和事,那永远只能在错过和遗憾中度过,哪有快乐可言。

很多时候,困扰我们的是固有的方法、习惯以及思维定式,使我们不愿也不想换个角度想问题。如果我们一直按照既定的模式生活,不肯尝试新的方式方法，久而久之，得过且过、消极厌世就会成为生活的主旋律。人一旦陷入愁闷的情绪，生活也会一地鸡毛。只有打破常规，敢于尝试，学会变通，修正自己，才能与"不如意"和解。

编者从现实生活出发，引导人们破局情绪化，把人生理顺。书中的每一个主题包括经典的引言、详尽的阐释、令人深思的启迪和精彩的点评，指引人们认清自我、理解他人，调适心情，最终就会发现，原来生活明朗，万物可爱，万事可期。

英国著名作家王尔德曾说："别再自寻烦恼了，用不着生气，因为世界上没有送不走的痛苦，也没有迎不来的快乐。"生活，会有坎坷波折；人生，也会有是非成败。对于同一件事，悲观的人看到绝望，乐观的人看到希望。不懂得情绪变通的人，遇事怨天尤人，忐忑不安；而懂得情绪变通的人，则能另辟蹊径，灵活应对。

往后余生，努力做个内心强大的人，管理好自己的情绪，不被情绪左右，笑看风云变，静待花盛开。

目录

第一章 越简单,越快乐

拥有阳光心态,获得幸福人生 /2

学会享受生活 /5

生活越简单,活得越宽慰 /9

失败者最难突破的是自己 /12

背向黑暗,面对阳光 /15

笑对人生 /18

让阳光与心灵同行 /20

第二章 爱自己和信自己,是你往前走的底气

心中充满阳光,世界才会透亮 /24

心有多远,你就能走多远 /26

生命承受不起太多的阴影 /29

做最快乐的自己 /33

成功路上有太阳照耀 /36

没有什么事是值得忧虑的 /39

幸福不在于拥有得多,而在于计较得少 /41

第三章　放下执念，与自己和解

阳光心态缔造和谐的关系 /46

踏上和谐的旅程 /48

心存希望地看待未来 /51

我的人生我做主 /54

为自己创造机会 /56

做最好的自己 /58

第四章　旁人很好，但你也不差

态度影响人生的高度 /62

积极是激发潜能的自我暗示 /64

正视现实，不畏困境 /67

纵使平凡，也不要平庸 /70

转个弯，从困难中发掘机遇 /73

乐观面对，才能乐享生活 /75

找出自己真正想要的 /78

第五章　好的改变，什么时候都不晚

培养重点思维 /82

立即行动不拖拉 /85

科学地利用时间 /87

调动起所有向上的潜能 /90

挑战"不可能"，成功才不只是幻想 /91

懂得欣赏自己，别人才会欣赏你 /94

第六章 不纠结过往，不将就余生

适时地舍弃，走出人生低谷 /98

正确的选择比努力更重要 /100

放爱一条生路，给自己一点幸福 /104

做自己想做的事 /106

别把时间浪费在追忆上 /109

用"舍"来医治内心的贪婪 /111

放弃是通往幸福的必经之路 /114

第七章 不乱于心，不困于情

小小的快乐就是幸福 /118

保持心中的一方净土 /120

不入名利的牢笼，才能专注于眼前 /124

事能知足，就能多一些达观 /126

量力而行，一步一步打开局面 /130

第八章 别和他人较真，别和自己较劲

放慢脚步，做一场心灵瑜伽 /134

凡事不要太较真 /136

以"随"为念，懂得放下 /139

越诉苦越退步 /141

心安人静，让心境归于平淡 /144

让生命之杯盛满希望之水 /147

第一章

越简单,越快乐

拥有阳光心态，获得幸福人生

简单生活不是自甘贫贱。你可以开一部昂贵的车子，但仍然可以使生活简化。一个基本的概念在于你想要改进你的生活品质，关键是诚实地面对自己，想想生命中对自己真正重要的是什么。

——卡尔逊

拥有阳光心态，我们才能够体会生命在辉煌时候的壮丽，才能让自己充满热量，让家庭充满温馨，获得健康的人生。

为了拥有一种理想的生活，我们有必要塑造阳光心态。阳光心态的塑造并非我们想象的那么难，首要的是理解阳光心态的真谛：简单、快乐。

实际生活中，许多人为追求物质享受、社会地位、显赫的名声等，把自己搞得庸碌而烦乱；今日的新新人类追求时髦、新潮、时尚、流行，让自己被欲望所束缚，其实质说穿了，也就是物质享受和对较高社会地位的尊崇。受此驱使，人就会像被鞭子抽打的陀螺，忙碌起来——或拼命打工，或投机钻营，应酬、奔波、操心……你就会发现自己很难再有轻松地躺在家中床上读书的时间，也很难再有与三五朋友坐在一起"侃大山"的闲暇，你会忙得忽略了自己孩子的生日，你会忙得没有时间陪父母叙叙家常……

这些让我们失去了简单的幸福，在复杂的社会中迷失了自我。

一位得知自己将不久于人世的老先生，在日记簿上记下了这段文字："如果我可以从头活一次，我要尝试更多的错误，我不会再事事追求完美。我情愿多休息，随遇而安，处世糊涂一点，不对将要发生的事处心积虑地计算。可以的话，我会多旅行，跋山涉水，更危险的地方也不妨去一去。

"过去的日子，我实在活得太小心，每一分每一秒都不容有失，太过清醒明白。如果一切可以重新开始，我会什么也不准备就上街，甚至连纸巾也不带一张。

"如果可以重来，我会赤足走在户外，甚至整夜不眠。还有，我会去游乐园多玩几圈木马，多看几次日出，和公园里的小朋友玩耍……只要人生可以从头开始，但我知道，不可能了。"

他是个地地道道、彻头彻尾的商人，活在尔虞我诈的商场，他曾经倾尽全力、亲力亲为，弄得自己心力交瘁。为此，他总是能找到借口自我安慰："商场如战场，我身不由己，我身不由己呀！"直到临终老先生才彻底觉悟，生活不需要很多钱，简单、快乐才是最珍贵的。

掌握阳光心态的真谛，并不是要你放弃追求，放弃劳作，而是要抓住生活、工作中的本质及重心，以四两拨千斤的方式，去掉世俗的浮华。

泰勒是纽约郊区的一位神父。那天，教区医院里一位病人生命垂危，他被请去倾听病人临终前的忏悔。

泰勒到医院后听到了这样一段话："我喜欢唱歌，音乐是我的生命，我的愿望是唱遍美国。作为一名黑人，我实现了这个愿望，我没有什么要忏悔的。现在我只想说，感谢您，您让我愉快地度过了一生，并让我用歌声养活了我的6个孩子。现在我的生命就要结束了，但死而无憾。仁慈的神父，现在我只想请您转告我的孩子们，让他们做自己喜欢做的事吧，他们的父亲会为他们骄傲的。"

一个流浪歌手，临终时能说出这样的话，让泰勒神父感到非常吃惊，因为这名黑人歌手的所有家当，就是一把吉他。他的工作是每到一处，把头上的帽子放在地上，开始唱歌。40年来，他用苍凉的西部歌曲，感染他的听众，换取他应得的报酬。

他虽然不是一个腰缠万贯的富豪，可他从不缺少快乐。他过着简单的生活，有着一颗容易满足的心。

泰勒神父在之后的一次演讲中讲到了这件事，他总结道："原来最有意义的活法很简单，就是做自己喜欢做的事，并从中发掘到一颗快乐、富足的心。"

其实简单、快乐的阳光心态是一种生活的艺术与哲学，它可以让我们的心暂时归于平静，在平静中反思自我、规划自我，然后继续轻松前行。

目前，西方国家包括许多美国人，正在试着过一种"慢生活"，其中就体现了阳光心态的真谛：简单、快乐——他们试着离开汽车、电子产品、时尚圈子，强调简化自己的生活。但是，他们并非完全抛弃物欲，而是要把人的分散于身外浮华物上的注意力移出适当比例，放在人自身上、精神上、心灵情感上，过一种平衡、和谐、从容的生活。这种轻松的阳光式生活让他们体会到了生命的从容和淡定。

一个阳光的人，总是能够从生活中体悟到一种简单、快乐的感觉，这得益于他在生活中自由自在地行动，勇于选择和承担生活的责任，不受尘世的约束却又深情细致；在任性与认真之间，不管是守着边缘或主流的位置，都能在漂泊移动的生活中体悟人生。

学会享受生活

所谓内心的快乐，是一个人过着健全的、正常的、和谐的生活所感到的快乐。

——罗曼·罗兰

一位伟大的音乐家说，没有什么东西比演奏一件走音的乐器，或是与那些没有好声调的人一起演唱，更能迅速地破坏听觉的敏感性，更能迅速地降低一个人的乐感和音乐水准的了。一旦这样做以后，他就不会潜心地去区分音调的各种细微差别了，他就会很快地去模仿和附和乐器发出的声音。这样，他的耳朵就会失灵。要不了多久，这位歌手就会形成一种唱歌走调的习惯。

在人生这支大交响乐中，你使用的是哪种专门的乐器，无论它是提琴、钢琴，还是你在文学、法律、医学或任何其他职业中表现的思想、才能，这些都无关宏旨，但是，在没有使这些"乐器"定调的情况下，你不能在你的听众——世人面前开始演奏你的人生交响乐。

无论你干什么事情，都不要走样，都不要唱得走调或工作失衡，更不要让你走音的乐器弄坏了耳朵和鉴赏力。即使是波兰著名的钢琴家、作曲家帕德雷夫斯基那样的人，也不可能在一架走音的钢琴上奏出和谐、精妙的乐章。而一个阳光的人就如一个伟大的音乐家，善用生命中的各种"乐器"，奏出心中自由与和谐的乐章。

心灵的自由与和谐相当重要，心理失调对一个人的生活来说是致命的威胁。那些极具毁灭性的情感，比如担忧、焦虑、仇恨、嫉妒、愤怒、贪婪、自私等，都是生活的致命敌人。

任何一个人受到这些情感的困扰时，都很难将他的生活处理好，这就好像具有精密机械装置的一块手表，如果其轴承发生摩擦就走不准一样。而要使这块表走得很准，那就必须精心地调整它。每一个齿轮、每一根石英轴承都必须运转良好，因为任何一个缺陷、任何一个麻烦、任何地方出现了摩擦，都将无法使手表走得很准时。

人体这架机器要比精密的手表精密得多。在开始一天的生活之前，人这架机器也需要调整，也需要保持心灵非常和谐的状态。人类对于自然的征服可以说达到了顶峰，然而我们的内心却在20世纪的最后几年里失衡，我们陷入了一种从来没有过的迷茫之中。因为伴随着人们对物质的欲望日益膨胀，人类社会也出现了我们人类看上去都无法解决的一些问题。这就更加剧了人们的迷茫和不安，人们在努力寻找，企图寻找到答案！

但是，对于生活，不同的人从来都有着不同的要求和理解。同样的境遇，有些人觉得是天堂，而有些人却觉得不是。

一个农夫躺在麦草垛上呼呼大睡，一个读书人见了，可能会觉得那个农夫非常不幸，家里没有地方躺，只好将就在这里凑合一下。但是，那个农夫却未必这样看，他可能会觉得，自己在这里呼呼大睡，说明自己无忧无虑，妻贤子孝，又无衣食之忧虑，这不是天堂这是什么？

这个读书人有好衣服穿，有好饭吃，还有圣贤书可读，家里又不愁吃不愁穿，按照农夫对生活的标准，应该是非常幸福的了。可是，那个书生却不这样看，因为他觉得，有好饭吃，有好衣服穿，有好书读，这些还不够，要读书，得有红袖添香才好夜读书，那才是真正的幸福生活。

对于我们的生活，以及我们是否幸福，从来都有着不同的衡量标准。人们对于生活的要求是无止境的，甚至人对物质的追求也是无止境的，但是这些东西最终带给我们的是患得患失的忧虑、压力和令人疲惫不堪的混乱情绪。所以说，人们追求复杂的生活，其实是得不偿失的，因为外界的诱惑和对物质的追求，使我们失去了内心世界的平静。

在我们周围，所有的人都在紧张地忙碌着，而且这种忙碌是一种莫名其妙的忙碌，但是许多人并不知道自己是为什么而忙碌，或许，我们是担心在竞争的压力下失去了内心的安全感，于是，就产生了无事可做的恐惧感，所以，人们才急急忙忙地找事情做。

一些鸡毛蒜皮的小事能使一个思想状况不佳的人烦恼不已，但却根本无法影响一个内心阳光的人。

即使是出了大事，即使是恐慌、危机、失败、火灾、失去财物或朋友，以及各种各样的灾难，都不可能使他的心理失去平衡，因为他找到了自己生命的支点——心灵自由与和谐的支点，因此他不再在希望和绝望之间摇摆。他已经发现，自己是通行于整个宇宙的伟大法则的一部分，是世界的一部分。

换一种活法，改变一下自己，我们也许就会找到生活的幸福和快乐。学会享受生活，经营心灵的自由与和谐，你就能够感受生命的伟大与自豪。

与我们内心以及需要相比，外界的一切都是微不足道的，甚至是完全可以忽略的。因为生活是我们的内心感受，我们对于生活的感受其实比生活本身更重要。有什么样的心态就决定着你对事物有什么样的看法，而这种看法直接决定着你的行为，一系列的行为组合起来就是一个人的人生，就是一个人的命运。

生活越简单，活得越宽慰

这个世界总是充满美好的事物，然而能看到这些美好事物的人，事实上少之又少。

——罗丹

在人的一生中，会有许多追求和憧憬。追求真理，追求理想的生活，追求刻骨铭心的爱情；追求金钱，追求名誉和地位。

有追求就会有收获，我们会在不知不觉中拥有很多，有些是我们必需的，而有些却是完全用不着的。

那些用不着的东西，除了满足我们的虚荣心外，最大的可能就是成为我们的负担。

人心随着年龄、阅历的增长而越来越复杂，但生活本身其实十分简单。要知道，幸福、快乐的阳光生活源自于内心的简约，简单使人宁静，而宁静能使人快乐。

弥尔顿曾经说过：我们要学会以最简单的方式生活，不要让复杂的思想破坏生活的甜美。当你用一种新的视野观察生活、对待生活时，你会发现简单的东西才是最美的，而许多最美的东西正是那些最简单的事物。

一日，有个叫玄机的和尚对自己的苦心修行非常不满，心道："我整日打坐，是逃避吗？打坐，就是为了心无杂念，如果靠打坐才能达到这样的效果，打坐和吸食鸦片有什么两样呢？"

他眼神中充满了迷惘，目光渐渐黯淡了。然后他起身去拜见雪峰禅师，希望能从他那里得到答案。

雪峰禅师看着眼前的这个人，觉得他虽然有向佛之心，但是本性中有许多缺点不自然地表露了出来，于是点点头，问道："你从哪里来？"

"大日山。"

雪峰微笑，话里暗藏机锋："太阳出来了没有？"意思是问他是否悟到了什么禅理。

玄机以为雪峰是在试探他，心想："连这个我都答不上来的话，这几年学禅，岂不是白白浪费时间了吗？"便扬着眉毛说："如果太阳出来了，雪峰岂不是要融化？"

雪峰叹息着又问："你的法号？"

"玄机。"

雪峰心想："这个和尚太傲了，心里装的东西也太多了，且提醒他一下吧！"于是问道："一天能织多少？"

"寸丝不挂！"玄机心想，"就这个也能考住我玄机和尚，真是太小瞧我了！"

雪峰看他这样固执，不由得感叹道："我用机锋来提醒他，他却和我争辩口舌，自以为是，却不知心中已经藏了多少名利的蛛丝！"

玄机看雪峰无话可说，便起身准备离去，脸上还是一副得意的神态。

玄机刚转过身去，雪峰禅师就在身后叫道："你的袈裟拖地了。"

玄机不由自主地回过头来，见袈裟好好地披在身上，只见雪峰哈哈大笑："好一个寸丝不挂！"

雪峰禅师的一句"寸丝不挂"，看似讽刺玄机，其实是告诉玄机心中有杂念，因此不能成佛。

其实，寸丝不挂的意思就是内心充满阳光，不要总想着别人会怎么看你。对于我们来说，寸丝不挂就是少思寡欲，生活越简单，我们才能活得越宽慰。

正所谓大道至简。弘一法师曾在他的著作中屡次提到在修习佛法的过程中，看到简易的话语切不可以为佛法就是如此简单好学。因为简单的话语有可能包含着十分深刻的道理，千万不要轻视简单的力量。

其实，大凡简单而执着的人常有阳光的人生。一个人若时常追求复杂而奢侈的生活，苦难则没有尽头，不仅贪欲无度、烦恼缠身，而且日夜不宁，心无快乐。因为复杂往往浪费了宝贵的时间，奢侈极有可能断送美好的人生。反而因为简洁，每每能找到生活的快乐；因为执着，时时能感觉没有虚度每一天。平凡是人生的主旋律，简洁则是生活的真谛。

人活在世上都要扮演一定的角色，或许你的生活很简单，但是你也会有自己的幸福。

有些人，他们活着，却没有时间去多愁善感；爱着，他们却不懂怎么诠释爱情；他们满足，因为他们没有奢望太多；他们简单，不用在人前掩饰什么。他们也许连阳光式生活是什么都不知道，然而真正拥有阳光生活的就是这些简单的人。

人之所以不阳光，就是因为不能够活得单纯。不要去刻意追求什么，不要向生命去索取什么，不要为了什么去给自己塑造形象，其实，简单本身就是阳光之态。对于将要发生的事，我们无能为力。杞人忧天，对于事情毫无帮助。所以我们只需要简简单单地对待周围的一切，过一种单纯的生活。

失败者最难突破的是自己

攀登科学高峰，就像登山运动员攀登珠穆朗玛峰一样，要克服无数艰难险阻，懦夫和懒汉是享受不到胜利的喜悦和幸福的。

——陈景润

世人都在这红尘闹市中隐忍地生活，相伴相随的苦并非一剂穿肠毒药，而是因为心中有情有欲，才会深受其苦，才会远离幸福。

有这样一个故事：

佛印正坐在船上与苏轼把酒话禅，突然听到："有人落水了！"佛印马上跳入水中，把人救上岸来。被救的原来是一位少妇。佛印问："你年纪轻轻，为什么寻短见呢？""我刚结婚三年，丈夫就抛弃了我，孩子也死了，你说我活着还有什么意思？"佛印又问："三年前你是怎么过的？"少妇的眼睛一亮："那时我无忧无虑、自由自在。""那时你有丈夫和孩子吗？""当然没有。""那你不过是被命运送回到了三年前。现在你又可以无忧无虑、自由自在了。"少妇想了想，向佛印道过谢便走了。以后，这位少妇再也没有寻过短见。

三年前少妇是快乐的，三年中有丈夫和孩子相伴，她也是幸福的，而三年后一旦失去，却陷入了痛苦的泥潭，不能自拔。缘起缘灭，得到失去，都是人生中的一段经历。世人痴迷，三年前的快活犹在心中，却难以抵消三年后的苦恼。

苏轼曾在赤壁慨叹，"人生如梦，一樽还酹江月"，既是如此，又何苦执着？一切都将过去。众生苦苦寻求，就是为了离苦得乐，然而，什么才是快乐的真正法门？

命运弄人，它总是喜欢以玩笑来捉弄世人，那么，我们又何必太较真呢？有时候不妨也以游戏的心态面对，"游戏"不是态度，而是一种心情。逆境中要勇于承担，切不可自暴自弃；顺境中要谦卑恭谨，切不可得意忘形。

有一个人潦倒得连床也买不起，家徒四壁，只有一张长凳，他每天晚上就在长凳上睡觉。他向佛祖祈祷："如果我发财了，我一定会用这笔钱好好地做一些有意义的事情。"

佛祖看他可怜，就给了他一个装钱的口袋，说："这个袋子里有一个金币，当你把它拿出来以后，里面又会有一个金币，但是当你想花钱的时候，只有把这个钱袋扔掉才能花。"

那个穷人就不断地往外拿金币,整整一晚上没有合眼,他家地上到处都是金币。这一辈子就是什么也不做,这些钱也足够他花的了。每次当他决心扔掉那个钱袋的时候,他都舍不得。于是他就不吃不喝地一直往外拿着金币,屋子里装满了金币。可是他还是对自己说:"我不能把袋子扔了,钱还在源源不断地出来,还是让钱更多一些的时候再把袋子扔掉吧!"到最后,他虚弱得没有把钱从口袋里拿出来的力气了,但是他还是不肯把袋子扔了,终于死在了钱袋的旁边,屋子里都是金币。

这个穷人之所以没有丢掉手中的钱袋,不仅仅是因为他的贪欲在作祟,还因为他没有一个正确的价值观。当贫困缠身时,他不能摆脱厌弃之心而奋发图强;而当幸运眷顾时,他却得意忘形,甚至因为这一时的幸运而完全迷失了心智。这样的人,真是可悲又可叹!他没有兑现自己的诺言去做所谓的"有意义的事",他原本可以享受由此带来的幸福生活,反而因此丢了性命。

一切都只是过程,在这个过程中,他错就错在只知贪婪,而不懂知足常乐。人生就如善变的天气,有晴有雨,有风有雾。这既是莫测的苦,又是多彩的乐。

前行路上,我们遇山翻山,遇河蹚河,但有一个关口始终难以突破,那就是我们自己的心魔。多少人的心一生被囚,始终无法释怀,导致终生苦痛。其实释放自己,跳出桎梏,梦想的翅膀可以带着我们翱翔天际。

背向黑暗，面对阳光

即使到了我生命的最后一天，我也要像太阳一样，总是面对着事物光明的一面。

——胡德

很多人都希望自己获得更多，却不愿意将自己已经获得的东西松手。然而，生活常常是这样：如果不舍弃黑暗，就看不到阳光；如果不舍弃小利，就换不来更大的收获。

1984年以前，青岛电冰箱总厂（海尔集团前身）主要生产单缸洗衣机，那时候是按照一等品、二等品、三等品、等外品分类的。

原因就是在那个时候中国刚刚改革开放，物品缺乏造成市场非常好，只要产品还能用，就可以卖出去。

1985年4月，张瑞敏收到一封用户的投诉信，投诉海尔冰箱的质量问题。于是，张瑞敏到工厂仓库里去，把400多台冰箱，全部做了检查之后，发现有76台冰箱不合格。

为此，恼火的张瑞敏找到检查部问道："你们看看这批冰箱怎么处理？"他们说既然已经这样，就内部处理了算了。因为以前出现这种情况都是这么办的，加之当时大多数员工家里都没有冰箱，即使有一些质量上的问题也不是不能用呀。

张瑞敏说："如果这样的话，就等于还允许以后再生产这样的不合格冰箱。这样吧，你们检查部门搞一个劣质工作、劣质产品展览会。"于是，他们就搞了两个大展室，在展室里面摆放上那些劣质零部件和劣质的76台冰箱，通知全厂职工都来参观。

员工们参观完以后，张瑞敏把生产这些冰箱的责任者和中层领导留下，就问他们："你们看怎么办？"结果，大多数人的意见还是比较一致，都是说最后处理了算了。

但是，张瑞敏却坚持说："这些冰箱必须就地销毁。"他顺手拿了一把大锤，照着一台冰箱就砸了过去，然后把大锤交给了责任者，转眼之间，把76台冰箱全都销毁了。

当时，在场的人一个个都流泪了。虽然一台冰箱当时才800多元钱，但是，员工每个月的工资才40多块钱，一台冰箱就是他们两年的工资！

经过这件事情以后，员工们树立起了一种观念：谁生产了不合格的产品，谁就是不合格的员工。

一旦树立了这种观念，员工们的生产责任心迅速增强，在每一个生产环节都不敢马虎了，精心操作，"精细化，零缺陷"变成全体员工发自内心的心愿和行动，从而使企业奠定了扎实的质量管理基础。

又经过3年的时间，也就是1988年12月的时候，海尔获得了中国电冰箱市场的第一枚国内金牌，把冰箱做到了全国第一。

如果当年海尔人都盯着眼前的利益不放，不肯砸烂那些不合格的冰箱，那么就不会有海尔集团日后的崛起，更不会有如今的声誉。

可见，只有肯舍弃的人，才可能获得更多。那些紧紧攥着手里的东西不放的人，只能故步自封，得不到更好的发展。

无论你遭遇的事情是怎样的不顺利，你都应努力把你自己从不幸中解脱出来。

如果你背向黑暗，面对光明，阴影就会留在你的后面！

假如你能够拒绝那些夺去你快乐的魔鬼；假如你能紧闭你的心扉，而不让它们闯入；假如你能明白，这些魔鬼的存在，只是你自己为它们提供了方便，那么它们就不会再纠缠你了。

努力培养一种愉快的心情吧！

一位神经科专家告诉人们，他发明了一种治疗抑郁症的新方法。他劝告他的病人，在任何环境下都要笑。强迫自己，无论心中喜欢不喜欢，都要笑。

"笑吧！"他对病人说，"连续着笑吧！不要停止你们的笑！最低限度，试着把你们的嘴角向上卷起。这样不停地笑时，看你感觉怎样！"他就是用这种方法治愈他的病人的。

把忧郁在数分钟之内驱逐出心境，这对一个阳光的人来说是完全可能做到的。但多数人的缺点就在于不肯敞开心扉，让愉快、希望、乐观的阳光照进自己的内心，相反却紧闭心扉，想以内在的能力驱除黑暗。

他们不知道，外面射入的一缕阳光会立刻消除黑暗，驱除那些只能在黑暗中生存的心魔！

在你陷入困境时，你应当努力适应周围的环境，无论遭遇如何，都要背向黑暗，面对阳光！也只有这样，你才能看到生命中希望的太阳。其实，事物是客观存在的，不会改变的，改变的是人的心态。正是因为心态的不同，使人看到了不同的世界：消极的人看到的永远是失败和痛苦，而积极的人则总会看到阳光和希望。

笑对人生

生活得最有意义的人，并不就是年岁活得最大的人，而是对生活最有感受的人。

——卢梭

在这个世界上，有多少事情是我们可以预料和控制的？我们无法预知未来，所以我们苦恼；我们无法控制事情的发展，所以我们烦躁；我们无法获得更多，所以我们抑郁……有太多人，像哭着要糖的小孩，不在意自己手中握着的是什么，只是一味索取，然后失望了、不满了，心也失衡了……

这个世界太浮躁，有太多的诱惑，我们常常连自己的心也把持不住，在物欲横流的世界里迷失了方向，越走越远。停下脚步，静下心，想想最初的最初，我们所向往的那份简单的快乐吧！人生除了做加法，其实也是可以做减法的。我们虽然无法预知未来，但可以把握当下；虽然无法控制事情的发展，但可以尽力而为；虽然无法获得更多，但我们拥有的也不少。只要活着，便是莫大的幸福，所以放开点，别太跟自己过不去。

没有十全十美的人，更没有完美无缺的人生。无论是我们自身还是生活，都是由一个个或大或小的缺憾串联而成的。生活如歌，虽不会慷慨激昂精彩绝伦，但也五音俱全婉转悠扬；生活如茶，虽不如咖啡醇香缭绕，但也清幽不断唇齿留香；生活如戏，再辉煌的篇章、再迷人的高潮也终有落幕的一天。

别飘飘欲仙，因为再鲜艳的花朵也有凋零的时候；别心灰意懒，因为再苦的磨难与失败也有结束的时候；别目空一切，因为再顺畅的境遇也会有逆转的一天；别舍本逐末，到头来，什么也没抓住……

别跟自己过不去，是心灵的解脱。这样的心灵，是阳光生活的一部分。从容地走自己选择的路，做自己喜欢的事，学会原谅自己，善待自己。没事的时候听点音乐，放松自己；烦躁的时候做点运动，释放自己；得意的时候加点平静，修炼自己；悲伤的时候来点忘记，淡化自己；痛苦的时候来点清醒，重新认识自己……

林肯曾说："大部分人，在决心要变得幸福的时候，就会有那种幸福的感觉。"幸福是一种心情，宽容是一种仁爱，智慧是一种达到人生快乐的方法。别被小事烦扰，让那些委屈和难堪的遭遇在内心转变成另一种心情。太过执着于这样的小事，这样那样的欲望，只能让自己更加累。只有学会放弃，才能卸下人生中的种种包袱；只有学会享受生活，才会更加珍惜生活；只有学会给自己希望，才能生活得更加阳光。

"但愿此心春长在，须知世上苦人多。"正因为我们心中无"春意"，所以我们才总觉得自己活得辛苦，人生毫无快乐可言。生命是有限的，但快乐是无限的。正如卡耐基所说："要是我们得不到我们希望的东西，最好不要让忧虑和悔恨来搅扰我们的生活。"

且让我们原谅自己，学着豁达一点，怀着淡泊之心，多爱自己一点，别跟自己过不去。学会笑对人生，人生会更乐观潇洒；笑对人生，人生会更绚丽精彩；笑对人生，人生会更自由豪迈。这样的人生，才是最为阳光的人生。

命运就掌握在我们自己的手中，只要我们积极地摆脱自卑、恐惧、依赖、浮躁、嫉妒等消极心态的困扰，做到用阳光的心来对待一切，时时检点自己，做到严于律己，同时对自己的期望值加以调整，用一种积极的心态去面对和征服人生中不断出现的障碍和苦难，执着进取、奋发向上，生命将呈现出一片灿烂、辉煌的景象。

让阳光与心灵同行

成功的花，人们只惊美她现时的明艳。然而当初她的芽儿，浸透了奋斗的泪泉，洒遍了牺牲的血雨。

——冰心

生活是喜怒哀乐的集合体。我们应该明白,人的一生中,遇到不顺心、不如意的事情是非常正常的,我们无法以个人的力量去左右这些东西。清楚了这一点,我们就会对生活抱一种达观的态度。而当这种达观的态度充满了一个人的心灵后,他就拥有了阳光的心态。

李·艾柯卡曾是美国福特汽车公司的总经理,后来又成了克莱斯勒汽车公司的总经理。他的座右铭是:"奋力向前。即使时运不济,也永不绝望,哪怕天崩地裂。"他于1985年出版的自传印数高达150万册。

艾柯卡不光有成功的欢乐,也有挫折的懊丧。他的一生,用他自己的话来说,叫作"苦乐参半"。1946年8月,21岁的艾柯卡到福特汽车公司当了一名见习工程师。但他对和机器做伴、做技术工作不感兴趣。他喜欢和人打交道,想搞经销。

艾柯卡靠自己的奋斗,由一名普通的推销员,终于当上了福特公司的总经理。但是,1978年的一天,他被董事长亨利·福特开除了。当了8年的总经理、在福特工作已32年、一帆风顺、从来没有在别的地方工作过的艾柯卡,突然间失业了。昨天他还是英雄,今天却好像成了麻风病患者,人人都远远避开他,过去公司里的所有朋友都抛弃了他,这是他生命中最大的打击。"艰苦的日子一旦来临,除了做个深呼吸、咬紧牙关、尽其所能外,实在也别无选择。"艾柯卡是这么说的,最后也是这么做的。他没有倒下去。他接受了一个新的挑战:应聘到濒临破产的克莱斯勒汽车公司出任总经理。

艾柯卡凭他的智慧、胆识和魄力，大刀阔斧地对企业进行了整顿、改革，并向政府求援，舌战国会议员，获得了巨额贷款，重振企业雄风。1983年8月，艾柯卡把面额高达8亿多美元的支票交给银行代表。至此，克莱斯勒还清了所有债务。

如果艾柯卡不是一个坚忍的人，不敢勇于接受新的挑战，在巨大的打击面前一蹶不振、偃旗息鼓，那么他和一个普通的下岗职工就没有什么区别了。正是不屈服于挫折和命运的挑战精神，使艾柯卡成为一个世人敬仰的英雄。

我们生活在五光十色的大千世界中，难免会有这样或那样的不如意、不顺心，会有各种各样令人头疼的棘手问题，也必然会有喜有忧、有得有失。一切都平平稳稳、一帆风顺，只是人们美好的向往而已。

在曲折的人生旅途上，如果我们能够泅渡苦闷的心理冰河，给自己一丝温暖的阳光，就一定能够化解与消释所有的困难与不幸，让美好的向往成为现实，我们的人生之旅也会更加顺畅、更加开阔。

人的一生，就像一趟旅行，沿途有数不尽的坎坷泥泞，但也有看不完的春花秋月。如果我们的一颗心总是被灰暗的风尘所覆盖，干涸了心泉、黯淡了目光、失去了生机、丧失了斗志，我们的人生轨迹怎么可能美好？而如果我们能保持一种健康向上的阳光心态，即使我们身处逆境，也一定会有"山重水复疑无路，柳暗花明又一村"的一天。

第二章

爱自己和信自己，是你往前走的底气

心中充满阳光，世界才会透亮

性情的修养，不是为了别人，而是为了自己增强生活能力。

——池田大作

实际上，生活的现实对于我们每个人本来都是一样的，但一经各人心态诠释后，便有了不同的意义，因而形成了不同的事实、环境和世界。

心态改变，事实就会改变；心中是什么，世界就是什么。心里装着哀愁，眼里看到的就全是黑暗；心中装着阳光，眼里看到的就全是透明的光亮。

所以，在这个复杂的世界，若想生活得坦然自得，多一点幸福，就应该抛开已经发生的令人不痛快的事情或经历，在好心情下迎接新乐趣。

有一天，詹姆斯忘记关餐厅的后门，结果早上三个武装歹徒闯入抢劫，他们要挟詹姆斯打开保险箱。

由于过度紧张，詹姆斯弄错了一个号码，造成抢匪的惊慌，开枪射伤詹姆斯。幸运的是，詹姆斯很快被邻居发现了，送到医院紧急抢救，经过18小时的外科手术以及长时间的悉心照顾，詹姆斯终于出院了。

事件发生六个月之后，有人遇到詹姆斯，问起当抢匪闯入时他的心路历程。

詹姆斯答道："当他们击中我之后，我躺在地板上，还记得我有两个选择：我可以选择生，或选择死。我选择活下去。"

"你不害怕吗？"那个人问他。

詹姆斯继续说："医护人员真了不起，他们一直告诉我没事，放心。但是在他们将我推入紧急手术间的路上，我看到医生跟护士脸上忧虑的神情，我真的吓坏了，他们的脸上好像写着'他已经是个死人了'！我知道我需要采取行动。"

"当时你做了什么？"那个人继续问。

詹姆斯说："当时有个护士用吼叫的音量问我一个问题，她问我是否对什么东西过敏。我回答：'有。'这时，医生跟护士都停下来等待我的回答。我深深地吸了一口气，喊着：'子弹！'等他们笑完之后，我告诉他们：'我现在选择活下去，请把我当作一个活生生的人来开刀，不是一个活死人。'"

詹姆斯能活下来当然要归功于医生的精湛医术，但同时也由于他令人惊异的态度。我们可以从詹姆斯身上学到，每天你都能选择享受你的生命，或是憎恨它。这是你的权利。没有人能够控制或夺去的东西，是你的态度。如果你能时时注意这个事实，你生命中的其他事情都会变得容易得多。

心情的颜色会影响世界的颜色。如果一个人，对生活抱持一种阳光的心态，就不会稍有不如意便自怨自艾。

现实生活中那些终日苦恼的人，实际上并不是因为他们遭受了多大的不幸，而是因为他们的内心存在着某种缺陷，对生活的认识存在偏差，由此导致他们精神上的萎靡和失落。

唯有抱持阳光心态的人，才称得上是坚强的人。他们在遭遇不幸时，面对世界依然会微笑，用积极的态度去面对。唯有像他们一样，生活中才会充满快乐、溢满阳光！

你拥有什么样的心态，你就会有什么样的世界。阳光的心态会创造阳光的人生，而阴暗的心态则让人生充满阴霾；阳光的心态是成功的源泉，是生命的阳光和温暖，而阴暗的心态是失败的开始，是生命的无形杀手。

心有多远，你就能走多远

没有人会只因年龄而衰老，我们是因放弃我们的理想而衰老。年龄会使皮肤老化，而放弃热情却会使灵魂老化。

——塞缪尔·厄尔曼

《庄子·逍遥游》中说，在遥远的北海水中，一种名为鲲的鱼，大概有几千里那么大。它变成一种名叫鹏的鸟，鹏的背大概也有几千里那么大，它奋起而飞，翅膀像天上的云朵垂下来。这种鸟，将从北海飞到遥远的南极。南极，就是天池。水泽边的晏鸟讥笑大鹏说："它要飞到哪里去呢？我一跳跃就飞起来，不到几丈高就落下来，在草丛之间翱翔，这也是飞行的绝技呀！它要飞到哪里去呢？"

大鹏与晏鸟代表生活中两种截然不同的人：一种人像大鹏一样拥有极高的境界，他们的人生目标绝不会停留在眼前；而另一种人就像晏鸟那样，鼠目寸光，他们的人生成就也就仅限于在草丛中跳跃了。

大鹏与晏鸟的故事可以给我们以足够的启示，你能走多远，你的人生能取得什么样的成就，关键就在于你的心态，如果你拥有一颗开阔、向上的心，你的成就也会变大。

班超是我国东汉时期杰出的军事家和外交家，他从小勤奋好学，胸怀大志。然而，他并不是一生下来就是这样，他青年时期的工作不过是给官府抄文件和给私人抄书籍。当时，北方的匈奴时常侵犯汉朝边境，班超特别愤慨；同时，他又看到西域各国与汉朝的交往已断绝了五十多年，心中非常忧虑。班超抄了一段时间的书之后，整日处在苦闷之中，他觉得自己的人生不应该是这样的，他决定投笔从戎，去干一番大事业。

班超投笔从戎之后，随大将军窦固出兵攻打匈奴。由于他作战勇敢、屡立战功、足智多谋，最终威震西域各国，重新打通了丝绸之路，成为我国历史上杰出的外交家，名垂青史，万古流芳。

班超投笔从戎，建下千秋功业，正在于他把自己的心态境界提升到一定的高度。如果他仅满足于抄抄字，安稳度日，能有那样的成就吗？

再来看另一则故事：

迈克尔在从商以前，曾是一家酒店的服务生，替客人搬行李、擦车。有一天，一辆豪华的劳斯莱斯轿车停在酒店门口，车主吩咐道："把车洗洗。"迈克尔那时刚刚中学毕业，从未见过这么漂亮的车子，不免有几分惊喜。他边洗边欣赏这辆车，擦完后，忍不住拉开车门，想进去享受一番。

这时，正巧领班走了出来。"你在干什么？"领班训斥道，"你不知道自己的身份和地位吗？你这种人一辈子也不配坐劳斯莱斯！"

受辱的迈克尔从此发誓："我不但要坐上劳斯莱斯，还要拥有自己的劳斯莱斯！"这成了他人生奋斗的目标。许多年以后，当他事业有成时，果然买了一部劳斯莱斯轿车。

如果迈克尔也像领班一样认定自己的命运，那么，也许今天他还在替人擦车、搬行李，最多做一个领班。

可见，一个人的心态是否强大、心境是否宽广，对一个人的影响是何等大啊！

《庄子·逍遥游》中对人的心态境界的大小做了这样一段论述：

"小知不及大知,小年不及大年。奚以知其然也?朝菌不知晦朔,蟪蛄不知春秋,此小年也。楚之南有冥灵者,以五百岁为春,五百岁为秋;上古有大椿者,以八千岁为春,八千岁为秋,此大年也。而彭祖乃今以久特闻,众人匹之,不亦悲乎!"

这就是心界大小的差别,心界小者绝对不能体会到心界大者的生命境界。一个人若不能提升自己的人生境界,开阔自己的心胸,拥有阳光心态,只满足于在泥地上匍匐,那将终生碌碌无为。

心有多远,你就能走多远。一个人如果没有强大的内心,就无法拥有强大的内在力量。在人生无数的困扰中,就有可能被困扰所阻碍,最终倒下。所以,拥有强大的内心是最重要的。而缔造阳光心态,就是使内心强大的最好的方法之一。

生命承受不起太多的阴影

生命不宜有太多的阴影、太多的压抑,最好能常常邀请阳光进来,偶尔也释放真性情。

——焦桐

阳光是世界上美好的东西,它驱除阴暗,照耀四方,让人心旷神怡;它沐浴万物,让世界充满向上和成长的力量;它坦荡无私,播撒着快乐与爱的种子。

生活中，每一个人都会拥有阳光，例如幸福时的欢畅、顺利时的激动，但也不可避免地会遭遇黑暗，比如委屈时的苦闷、挫折时的悲观和选择时的彷徨，这就是人生。人生就是一碗酸、甜、苦、辣、咸五味俱全的汤，每种滋味都有可能品尝到。

然而，人的生活并非只是一种无奈，而是可以通过自身主观努力去把握和调控的。塑造阳光的心态，人生就可以操之在我。

一个刚入寺院的小沙弥，心有旁骛，忍受不了寺院的冷清生活，甚至动了轻生的念头。这一天，他独自一人走上了寺院后面的悬崖，就在他紧闭双眼，准备纵身跳下时，一只大手按住了他的肩膀。他转身一看，原来是寺院的老方丈。

小沙弥的眼泪马上流了出来，他如实告诉方丈，自己已看破红尘，只想一死了之。

老方丈摇摇头，对小沙弥说："不对，你拥有的东西还有很多很多，你先看看你的手背上有什么？"

小沙弥抬手看了看，讷讷地说："没什么呀！"

"那不是眼泪吗？"老方丈语气沉重地说。

小沙弥眨眨眼睛，又是热泪长流。

老方丈又说："再看看你的手心。"

小沙弥又摊开双手，对着自己的手心看了一阵，不无疑惑地说："没什么呀！"

老方丈呵呵一笑，对小沙弥说："你手上不是捧着一把阳光吗？"

小沙弥怔了一下，心有所悟，脸上也泛起丝丝笑容。

只要心态是阳光的，纵使周围是无边的黑暗和寒冷，你的世界也会明媚而温暖。掬一把阳光，整个太阳便在你的掌心里，光芒四射。

有阳光，当然也会有阴影。当阴影来临时，就是自我沉潜的时机。即使阴影仍在头顶上盘旋，阳光的人却不会悲伤，因为在他们的内心还留有幸福的余温。

无论在和平昌盛的时期，还是经济萧条的环境下，总会有种种不如意的事情给我们的快乐与幸福蒙上一层灰尘，但一个心态阳光的人，总是能够在生活中自由自在地挥洒，他不会逃避生活的责任，不受尘世的约束却又能够做到深情细致；不管是任性还是认真，他都能在漂泊贫苦的生活中，快乐地体悟人生。

第二次世界大战后，很多国家发生了不同程度的经济危机。在美国一座曾经很繁华的城市里，有一条人来人往的街道，有一个盲乞丐每天都在街边坐着。他总是笑眯眯的，每当感觉到有人走近时，他就会友好地跟他们打招呼。大家非常好奇，为什么这个盲乞丐每天都如此快乐，他难道不为乞讨不到更多的钱忧愁，不为自己的境况悲伤吗？

于是有人猜测，那个乞丐不是凡人，所以无忧无虑；也有人说，他可能是个来自疯人院的疯子。

终于有一天，一个年轻的小伙子按捺不住自己的好奇心，上前询问盲乞丐为什么每天都如此开心。

盲乞丐开心地笑了，他说："因为无论怎么样，我每天都能看到太阳从东方冉冉升起，我看到世界是光明的，所以就无比快乐。"

小伙子很不解，于是又问道："您分明是个盲人，怎么能看到太阳升起呢？"

那乞丐捋捋长须，说："孩子，难道双目失明就无法看到这世上的阳光了吗？"

人生阳光与否，其实是一种感觉、一种心情。外部环境是一回事，我们的内心又是另外一种境界。如果我们的内心觉得满足和幸福，我们就快乐；我们的心中充满灿烂的阳光，外面的世界也就处处充满阳光。

面对生命，每个人都有自己独特的解释和看法。在解读生命的同时，每个人也有一套自己的生活哲学和处世智慧。在生命停泊的港湾，你可以沉淀、驻足、优游，也可以暂停、休息、思考，或者选择暂时的空白，也许你还可能因此而获得生命的觉悟。

我们何不为自己的心灵敞开一扇门，让自己通向更高层次的觉悟，让自己的生命可以得到更多的能量，和本我愈加接近，最后，获得成功的人生。

生命就是阳光，活着，就是要寻找属于自己的光亮。生命通过不同形式的演绎，有了不同的人生境界。生命里确实承受不起太多的阴影，在生命停泊的港湾，让我们一起邀请阳光走进来，寻找属于自己的阳光，做最阳光的自己。

做最快乐的自己

生命的本质在于追求快乐。

——亚里士多德

由于人的价值观不同，所以人们对快乐的理解不同：有人以为吃鲍鱼、燕窝、鱼翅是莫大的幸福，有人却为每天吃鲍鱼、燕窝、鱼翅而痛苦。有人以为骑自行车上下班是一种卑微，有人却因为压力而不可能享受这种轻松自然。

因此，快乐可以分为两类：自然快乐和强迫快乐。

如果事情的发展尽如人意，那么自然要享受快乐，不用刻意研究快乐的路径。这种快乐就被称为自然快乐。

如果事情的发展不尽如人意，而自己又不想承受挫折产生的心灵痛苦，就要想一些办法，让自己快乐起来。这种快乐就被称为强迫快乐。

如果自己能够在顺心如意的情况下快乐，又能够在身陷厄运的情况下保持平和，那我们的生活质量就会得到提高。

那么，在竞争激烈的社会中，我们又如何拥有阳光心态，做最快乐的自己呢？

要树立多元化成功思维模式

在现代社会中，太多的人不由自主地陷入了一元化成功的陷阱中。他们在追逐世俗成功标准的过程中，为了达到所谓"成功人士"的要求，过度地追求名利、地位、虚荣和奢华，有时甚至不择手段，结果走进了成功的死胡同而不能自拔，越成功越烦恼，越成功越不快乐；坦途变成了坎坷，天堂变成了地狱。

其实，条条大路通罗马，成功的道路不止一条，成功的标准也不止一个。在竞争中脱颖而出是成功，有勇气不断超越自己、不断超越过去的人，同样是成功者。做最阳光的自己就要求我们抛弃一元化成功思维模式，树立多元化成功思维模式，完整、均衡、全面地理解和阐释成功的定义，在活出真实自我的过程中享受到阳光般的幸福和快乐。

要能够做到操之在我，褒贬由人

每个人都希望能够得到别人的认可与肯定，这是人的基本心理需求之一，但是，如果这种需求过分强烈，就会造成沉重的精神负担和心灵的扭曲。"除非我们能够得到别人的承认，否则我们就是默默无闻的，就是没有价值的。""我们的工作并不重要，得到别人的承认才重要。"这种观念越牢固，精神就越痛苦，越努力就越找不到快乐和幸福。

其实，在很多情况下，我们真的没有自己想象的那么重要。别人邀请你参加晚会或发言，有时只是出于礼貌，甚至希望你最好能知趣地谢绝，或者简单地应付一下即可。

西方有句谚语：20岁时，我们在意别人对我们的看法；40岁时，我们不理会别人对我们的看法；60岁时，我们发现别人根本就没有在意我们。

因此，不必处处要求别人的认可，如果认可降临，你就坦然地接受它；如果它未能如期而至，你也不要过多地去想它。你的满足应该来自你的工作和生活本身，你的快乐是为你自己，而不是为别人。

时刻审视"职业竞争不相信眼泪"的道理

在崇尚效率和结果的今天，职业竞争是不相信眼泪的，一个人的成功速度取决于他对不良情绪的调整速度。

在日新月异的竞争时代，我们没有时间为刚才发生的事情懊恼不已或追悔莫及，我们能做的就是让那些不愉快的事情如瞬间飘逝的烟云，用阳光迅速驱除消极的阴霾，让自己去享受工作的挑战、生活的美好和生命的过程。

亚里士多德说，生命的本质在于追求快乐，而使得生命快乐的途径有两条：第一，发现使你快乐的时光，增加它；第二，发现使你不快乐的时光，减少它。阳光的人不是没有黑暗和悲伤的时候，只是他们追寻阳光的状态不会被黑暗和悲伤遮盖罢了。

成功路上有太阳照耀

开朗的性格不仅可以使自己经常保持心情的愉快，而且可以感染你周围的人们，使他们也觉得人生充满了和谐与光明。

——罗曼·罗兰

明代人陆绍珩说，一个人生活在世上，要敢于"放开眼"，而不向人间"浪皱眉"。

"放开眼"和"浪皱眉"就是对人生正反面的选择，"放开眼"代表着一种阳光的心态，而"浪皱眉"则代表着一种忧郁的心态。你选择正面，就能乐观自信地舒展眉头，面对一切；你选择背面，就只能是眉头紧锁、郁郁寡欢，最终成为人生的失败者。

一个心态阳光的人，他的人生态度是积极的，不管在工作中还是在生活上，都能很好地完成任务，因此这类人在这段时间里自我价值的实现也就相对比较多。自我价值实现得越多，自我肯定的成就感也就越多，这样就能拥有一个好的心情，形成一个良性循环。相反，一个心情忧郁的人悲观、抑郁，整天愁眉苦脸地面对生活，不管做什么事情都不积极，甚至错误百出，那么他的自我价值就会实现得越来越少，自我否定的因素就会增加，使心情更加消极抑郁，成了一个恶性循环。

有一个对生活极度厌倦的绝望少女,她打算以投湖的方式自杀。在湖边,她遇到了一位正在写生的老画家,老画家专心致志地画着一幅画。少女鄙薄地看了老画家一眼,心想:幼稚,那鬼一样狰狞的山有什么好画的?那坟场一样荒废的湖有什么好画的?

老画家似乎注意到了少女的存在和她的情绪,他依然专心致志、神情怡然地画着。

过了一会儿,他说:"姑娘,来看看画吧。"

她走过去,傲慢地睨视着老画家和他手里的画。

突然,少女被吸引了,竟然将自杀的事忘得一干二净。她从没发现世界上还有那样美丽的画面——他将"坟场一样"的湖面画成了天上的宫殿,将"鬼一样狰狞"的山画成了美丽的、长着翅膀的女人,最后将这幅画命名为《生活》。

这时,老画家突然挥笔在这幅美丽的画上点了一些黑点,似污泥,又像蚊蝇。

少女惊喜地说:"星辰和花瓣!"

老画家满意地笑了:"是啊,美丽的生活是需要我们自己用心发现的呀!"

悲观失望的人在挫折面前,会陷入不能自拔的困境;乐观向上的人即使在绝境之中,也能看到一线生机,并为此努力,不管他从事什么行业,他都会觉得工作很重要;即使衣衫褴褛不堪,也无碍于他的尊严;他不仅自己感到快乐,也给别人带来快乐。因此对他来说,生活到处都有明媚宜人的阳光。

安德烈小时候，不知道从哪儿得到了一堆各种颜色的镜片，他喜欢用这些有颜色的镜片遮挡眼睛，站在窗台上看窗外的风景。用粉红色的镜片看，面前的世界便是一片粉红色；用蓝色的镜片看，眼前就是一片蓝色；当用黄色的镜片看的时候，世界又变成黄色的。用不同的镜片去看眼前的世界，世界便呈现不同的颜色。

这是在他小时候发生的一件事情。后来安德烈渐渐长大，每当遇到不高兴的事情时，他就会想起这件事情。他总是对自己说："世界并没什么不同，我可以决定这个世界的颜色啊！"

安德烈的故事给了人们很好的启示：既然你不能改变一些无法改变的东西，那就改变一下自己吧。

世界的色彩是随着我们情绪的变化而变化的，你拥有什么样的心情，世界就会向你呈现什么样的颜色，所以，别让悲观、消极挡住了生命的阳光，当你的心情开朗起来的时候，你的世界将会是朗朗晴空。

开朗的心态便是人生的太阳，成功路上的千里之驹，照耀我们内心的光明，加速推进我们事业的锦绣前程。或许会有挫折，或许会有失败，或许会有痛苦，或许会有迷茫，但即使再大的困难，在开朗的心态面前都会望而却步。因为这些磨难，在开朗的人眼中，是前进道路上的磨刀石，是攀登人生高峰的必经之路，他们的信念是：不经历风雨，怎能见彩虹。

没有什么事是值得忧虑的

实现理想的唯一障碍是今天的疑虑。

——富兰克林·罗斯福

阳光心态的一个重要特征就是拥有一颗平静的心。获得平静的心有一个很重要的方法，那就是将心灵腾空。你可以多尝试几次，一定要腾空心中的恐惧、仇恨、不安全感、内疚、悔恨和罪恶感。

事实上，只要你腾空自己的心灵，就会缓和你的痛苦和负担。如果你不这样做，一味地忧虑下去，那么你只是在折磨自己，你也就得不到想要的幸福。

一个商人的妻子不停地劝慰着她那在床上翻来覆去、辗转难眠的丈夫："睡吧，别再胡思乱想了。"

"嗨，老婆啊，"丈夫说，"几个月前，我借了一笔钱，明天就到还钱的日子了。可你知道，咱家哪儿有钱啊！你也知道，借给我钱的那些邻居比蝎子还毒，我要是还不上钱，他们能饶得了我吗？为了这个，我能睡得着吗？"他接着又在床上继续翻来覆去。

妻子试图劝他，让他宽心："睡吧，等到明天，总会有办法的，我们说不定能弄到钱还债的。"

"不行了，一点儿办法都没有啦！"

最后，妻子忍耐不住了，她爬上房顶，对着邻居家高声喊道："你们知道，我丈夫欠你们的债明天就要到期了。现在我告诉你们：我丈夫明天没有钱还债！"

她跑回卧室，对丈夫说："这回睡不着觉的不是你，而是他们了。"

如果凌晨三四点的时候，你还在忧虑，似乎全世界的重担都压在你肩膀上：到哪里去找一间合适的房子？找一份好一点的工作？怎样可以使那个啰唆的主管对你有好印象？儿子的健康，女儿的行为，明天的伙食，孩子们的学费……你的脑子里有许多烦恼、问题和亟待解决的事在那里滚转翻腾。

只要你采取一个简单的步骤，对自己说一句简短的话，说上几遍，每一次要深呼吸，放松。你要对自己说，同时心里想："不要怕。"

深呼吸，睁开眼睛，再轻松地闭起来，告诉自己："不要怕。"仔细想想这些有魔力的字句，而且要真正相信，不要让你的心仍彷徨在恐惧和烦恼之中。

我们不能将忧虑与计划安排混为一谈，虽然二者都是对未来的一种考虑。未来的计划有助于你现实中的活动，使你对未来有自己的具体想法与行动指南。而忧虑只是因今后可能发生的事情而产生惰性。忧虑是一种流行的社会通病，几乎每个人都要花费大量的时间为未来担忧。忧虑消极而无益，既然你是在为毫无积极效果的行为浪费自己宝贵的时光，那么你就必须改变这一点。

请记住，世上没有任何事情是值得忧虑的。你可以让自己的一生在对未来的忧虑中度过，然而无论你多么忧虑，甚至抑郁而死，你也无法改变现实。

在这个世界上,没有什么事情是真正值得忧虑的。当身处困扰中时,你应该做的是面对它,然后解决它,继续前行。如果一味地将自己置于忧虑的旋涡中,你的心理负担只能越来越重,这样的话,困扰你的事情还没有得到解决,你就已经卷入忧虑的旋涡中,无法自拔了。

幸福不在于拥有得多,而在于计较得少

拼命去取得成功,但不要期望一定会成功。

——法拉第

在与人相处的过程中,难免会遇到各种各样的矛盾,生出各种各样的烦恼。这时候,如果没有宽容、达观的阳光心态,而是对每一件事斤斤计较,那生命无疑是一种累赘,且充斥着阴暗的色彩。

1945年3月,罗勒·摩尔和其他87位军人在"贝雅号"潜艇上。当时雷达发现有一个驱逐舰队正往他们的方向开来,于是他们就向其中的一艘驱逐舰发射了三枚鱼雷,但都没有击中。这艘舰船也没有发现。

但当他们准备攻击另一艘布雷舰的时候,它突然掉头向潜艇开

来，可能是一架日本飞机发现了这艘位于 60 英尺①水深处的潜艇，用无线电通知了这艘布雷舰。

他们立刻潜到 150 英尺深的地方，以免被日方探测到，同时也准备应付深水炸弹。他们在所有的船盖上多加了几层栓子。3 分钟之后，突然天崩地裂。6 枚深水炸弹在他们的四周爆炸，他们直往水底——深达 276 英尺的地方下沉，他们都吓坏了。

按常识，如果潜水艇在不到 500 英尺的地方受到攻击，深水炸弹在离它 17 英尺的范围之内爆炸的话，差不多是在劫难逃。罗勒·摩尔吓得不敢呼吸，他在想："这回完蛋了。"在电扇和空调系统关闭之后，潜艇的温度升到近 40℃，但摩尔却全身发冷，牙齿打战，浑身冒冷汗。

15 小时之后，攻击停止了，显然那艘布雷舰的炸弹用光以后就离开了。这 15 小时的攻击，对摩尔来说，就像有 1500 年那么长。他过去所有的生活——浮现在眼前，他想到了以前所干的坏事，所有他曾担心过的一些很无聊的小事。他曾经为工作时间长、薪水太少、没有多少机会升迁而发愁；他也曾经为没有钱买房子、没有钱买部新车子、没有钱给妻子买好衣服而忧虑；他非常讨厌自己的老板，因为这位老板常给他制造麻烦；他还记得每晚回家的时候，自己总感到非常疲倦和难过，常常跟自己的妻子为一点小事吵架；他也为自己额头上

---
① 1 英尺 = 0.3048 米。

的一块小疤发愁过。

摩尔说："多年以来，那些令人发愁的事在我看来都是大事，可是在深水炸弹威胁着要把我送上西天的时候，这些事情又是多么荒唐、渺小。"就在那时候，他向自己发誓，如果他还有机会见到太阳和星星的话，就永远永远不会再忧虑。在潜艇里那可怕的15小时内所学到的，比他在大学读了4年书所学到的要多得多。

人生中总是有很多的琐事纠缠着我们，但是我们不能与之斤斤计较，因为心胸狭窄是幸福的天敌。

在非洲大草原上，有一种极不起眼的动物叫吸血蝙蝠。它身体很小，却是野马的天敌。这种蝙蝠靠吸动物的血生存，它在攻击野马时，常附在马腿上，用锋利的牙齿极敏捷地刺入野马的腿内，然后用尖尖的嘴吸血。无论野马怎么蹦跳、狂奔，都无法驱逐蝙蝠。蝙蝠却可以从容地吸附在野马身上，直到吸饱吸足，才满意地飞去。而野马常常在暴怒、狂奔、流血中悲惨地死去。

动物学家们在分析这一问题时，一致认为吸血蝙蝠所吸的血量是微不足道的，远不会让野马死去，野马的死亡是它暴怒的习性和狂奔所致。

与野马类似，生活中，将许多人击垮的有时并不是那些看似灭顶之灾的挑战，而是一些微不足道的、鸡毛蒜皮的小事。他们的时间和精力无休止地消耗在这些鸡毛蒜皮的小事之中，最终让他们一生一事无成。生活要求人们不断地清点，看看忙忙碌碌中，哪些是重要的、必要的，哪些是不重要的。然后，果断地将那些无益的事情抛弃。

很多时候，要想克服由一些小事情所引起的困扰，就需要一种阳光的心态，将你的注意力的重点转移开来，换个角度看事情，重新收获生活的幸福。

计较得多，会让我们的心很累；而计较得少，则会让我们有更多的精力去关注我们自身，寻找我们真正需要的东西。有时候，过于狭隘的心灵会阻碍我们获得幸福，而不计较的人生才更加丰富多彩。

第三章

放下执念，与自己和解

阳光心态缔造和谐的关系

　　只要你关心别人，将结交到更多的朋友。因为，出于关心所结交的朋友，才是真正的朋友。

——戴尔·卡耐基

　　任何人都生活在一个特定的社会群体之中，不可能脱离社会或群体而独处寡居。对于现代社会的每个人来讲，社会交往更是其获取信息、交流感情、增进友谊、丰富生活的重要渠道。

　　人们常说，好人缘是一笔巨大的财富。有了它，事业会顺利些，生活会如意些，心情会轻松些。但它不会从天上掉下来，而是需要你保持阳光的心态，去辛勤努力。

　　对于生活中不开心的事情，我们可以利用幽默的力量，这样既减轻了自身的痛苦和不愉快，又给周围的人带来了欢乐，使人际关系更融洽。

　　幽默常会给人带来欢乐，有助于消除敌意，缓解摩擦，防止矛盾升级。还有人认为幽默能激励士气，提高生产效率。

　　美国科罗拉多州的一家公司通过调查证实，参加过幽默训练的中层主管，在9个月内生产量提高了15%，而病假次数则减少了一半。

具有幽默感的人，在日常生活中都有比较好的人缘，他能在短期内缩短人际交往的距离，赢得对方的好感和信赖；而缺乏幽默感的人，会在一定程度上影响交往，也会使自己在别人心目中的形象大打折扣。显而易见，具有幽默感，有助于人们的身心健康。

与人相处还要学会放平心态，开阔心胸，这对每个人来说都是件很容易的事。既不要对自己有不切实际的过高要求，也不要过于在意别人对自己的看法，要学会善意地理解别人。

正确地认识自我，不论在什么样的环境中都要保持一种愉悦向上的好心情。主动交际，缓解压力。

交往是人的本能行为，主动扩大交际面，有利于缓解工作压力。在人际交往中，使自己交际方式大众化，与人为善，主动帮助他人，从中获得人生的乐趣。

和谐的人际关系不仅会带给人们美好的生活，而且还会引起人体的化学反应，使人的心理更加健康。如高血压和其他疾病可能会导致人的激素增多，而有和谐的人际关系的人可以很好地减轻压力，从而降低激素水平，使人的身心恢复健康、保持阳光的状态。

人与人之间的相处，说简单很简单，但说难也很难，关键是我们是否具有一种阳光的心态。拥有阳光的心态，你才能拥有开阔的胸襟，在与人发生争执时，能够乐观、积极、平和地去面对，这样人际关系才会和谐。

踏上和谐的旅程

> 人生至善，就是对生活乐观，对工作愉快，对事业兴奋。
> ——布兰登

在实际生活中，我们若想与别人和谐相处，必须先调整好自己的心态，拥有一种充满阳光的健康心态，这样才能真正地接纳自己与他人，才能在学习、工作、生活中感受到幸福。

健康心态用现在比较流行也比较形象的词，就是阳光心态。具体来说，阳光心态有如下几个特征：

拥有阳光般的心情

保持一颗平常心，做到仁爱、平静、理智、乐观、豁达，不以物喜，不以己悲，想得开，想得宽，想得远，对名利得失之类，完全采取超然物外的态度，一切顺其自然，处之泰然；把风风雨雨、飞短流长，统统置之脑后；对那些不愉快的事情，要拨开迷雾，化忧为喜。因为不管你遇到什么不顺心、不如意的事，如果整日愁眉不展，不但于事无补，反而有损身心健康。法国作家大仲马说："人生是用一串无数小烦恼组成的念珠，乐观的人是笑着数完这串念珠的。"一个人如果能乐观地对待不如意的事，自然烦恼自消、愁肠自解。

常怀一颗欢喜心，调节好自己的情绪，使好的心情与自己结伴而行，做到这一点，生命的每一天都会充满阳光。

心地纯洁，用善良、宽容、温和、感恩来装点人生

法国作家雨果说过："善良是历史中稀有的珍珠，善良是人类最高贵的品质。"一个人只要拥有了纯洁、善良的品质，他的内心就会平静、柔和，没有焦虑、恐惧等负面心理的立足之地，他的一生就会充满幸福与欢乐。总之，多一些善良，多一些谦和，多一些宽容，多一些理解，我们才能感受到生活中的美好与幸福。

认识自我、善待自我，做自己的主人

在希腊拉斐尔神庙的柱子上刻着经世名言："认识你自己。"只有认识了自己，才能更好地奋斗和成长。现实生活中，我们总是在努力适应社会、适应他人，我们不得不学习各种规章制度、条文准则，我们不得不学习各种知识技能、生存本领，于是我们便努力奋争、拼命学习、全力工作，我们常常忘记自身的存在。

我们必须要意识到自我的存在，任何时候都不应忽略。或许我们会为一时的忙碌所羁绊，为暂时的失败而落魄，但绝不能迷失自己。我们学会了善待别人，却常常忘记同样应该善待自己，不应随便伤害自己。如果我们在失意的时候发现自我的存在，就一定能激发巨大的潜能。

积极追求和开拓新的人生

以积极的心态努力学习。俗话说："活到老，学到老。"知识无限，学海无涯。无论任何人，都不可能懂得所有的知识，因此，只能保持一种积极的心态，无论在人生的哪一个阶段都不要满足，要努力地提升自我。用充实自我来提高自己的竞争力，从而在现实中立于不败之地，这样才能使自己充满自信，增加自己的魅力。

用快乐的心态面对工作。安德鲁·卡耐基曾经说过这样一句发人深省的话："如果一个人不能在他的工作中找出点'罗曼蒂克'来，这不能怪工作本身，而只能归咎于做这项工作的人。"

的确，工作带给你的是快乐还是折磨，主要在于你自己，在于你对工作的态度。对于你所从事的工作，爱与厌、苦与乐，大都存乎一念之间。对于同样的工作，有人成天郁郁寡欢，抱怨自己的工作不好；但也有人天天心情舒畅，把工作当享受。可见，我们需要做的并不是急急忙忙地去寻找适合自己的新工作，而是要在你目前所从事的工作当中寻找快乐。

广交朋友，与人为善，经营良好的人际关系

世事无常，多个朋友多条路，多个敌人多堵墙。人们在相互交往中寻求安慰、自尊价值和保护，使我们不至于独自与不利状况抗争。缔造阳光的心态，以一种豁达、积极的心态去结交朋友，会让你在人际交往中如鱼得水。

怀有一颗博爱的心

任何负面的情绪在与爱接触后，就如冰雪遇上了阳光，很容易就消融了。

福克斯说得好："只要你有足够的爱心，就可以成为全世界最有影响力的人。"选择了爱，就是选择用一颗充满爱的心去关心身边的人和事物，就是选择把自己的这颗心用于对生活的热爱和对世界的感恩。正是有了爱，世界才变得如此美丽。

总之，塑造阳光心态，就是培养快乐、积极健康的情绪，拥有善良、高贵的品格，充分认识自我、善待自我，不断进取，积极面对生活，广交朋友，用爱来营造自己的人生，用爱心来照亮整个世界。

怎样获得阳光心态呢？其实方法很简单，就是敞开你的心灵，悦纳自己。正所谓要想造福一方，首先应造福自己。只有自己的内心充满力量，你才能释放力量。所以，请不要再埋藏自己、封闭自己，把心灵的窗户打开，开始一段阳光的旅程。

心存希望地看待未来

希望是不幸之人的第二灵魂。

——歌德

拥有阳光心态的人，对尚未到来的事情，不会表现出忐忑不安，而是会心存希望地看待未来。因为他们深深地懂得，有时候命运会受控于我们的思想，如果自己希望发生好的事情，那么就可能发生好的事情，但是如果自己一直都在恐惧和不安中度过，那么很可能命运就会顺从你的意愿，给你安排更多的苦难和不幸。

1937年，她丈夫死了，她觉得非常颓丧，而且她几乎一文不名。她写信给她以前的老板李奥罗区先生，请他让她回去做她以前的工作。她以前靠推销世界百科全书过活。两年前她丈夫生病的时候，她把汽车卖了，现在她勉强凑足钱，分期付款才买了一部旧车，又开始出去卖书。

　　她原本想，再回去做事或许可以帮她摆脱困境。可是要一个人驾车，一个人吃饭，这几乎令她无法忍受。有些区域简直就做不出什么成绩来，虽然分期付款买车的数目不大，她却很难付清。

　　1938年的春天，她在密苏里州的维沙里市，见那儿的学校都很穷，路很烂，很难找到客户，她一个人又孤独又沮丧，有一次甚至想要自杀。她觉得成功是不可能的，活着也没有什么希望。每天早上她都很怕起床面对生活。她什么都怕，怕付不起分期付款的车钱，怕付不出房租，怕没有足够的东西吃，怕她的健康状况变糟而没有钱看医生。让她没有自杀的唯一理由是，她担心她的姐姐会因此而难过，而且她姐姐也没有足够的钱来支付自己的丧葬费用。

　　然而有一天，她读到一篇文章，使她从消沉中振作起来，使她有勇气继续活下去。她永远感激那篇文章里那一句很令人振奋的话："对一个聪明人来说，太阳每天都是新的。"她用打字机把这句话打下来，贴在她的车子前面的挡风玻璃上，这样，在她开车的时候，每一分钟都能看见这句话。她发现每次只活一天并不困难，她学会忘记过去，每天早上都对自己说："今天又是新的一天。"

她成功地克服了对孤寂的恐惧。她现在很快活，也还算成功，并对生命保持着热忱和爱。她现在知道，不论在生活上碰到什么事情，都不要害怕；她现在知道，不必怕未来；她现在知道，每次只要活一天，而对一个聪明人来说，太阳每天都是新的。

在日常生活中可能会碰到令人兴奋的事情，也同样会碰到令人消极的、悲观的坏事，这本来是正常现象，如果我们的思维总是围着那些不如意的事情转的话，就很容易失去前进的动力。因此，我们应尽量做到脑海想的、眼睛看的，以及口中说的都应该是光明的、乐观的、积极的，相信每天的太阳都是新的，明天又是新的一天，发扬往上看的精神，才能使我们在事业中获得成功。

古希腊诗人荷马曾说过："过去的事已经过去，过去的事无法挽回。"泰戈尔在《飞鸟集》中也写道："只管走过去，不要逗留着去采了花朵来保存，因为一路上，花朵会继续开放的。"的确，昨日的阳光再美或者风雨再大，也移不到今日的画册，我们为何不好好把握现在的阳光，充满希望地面对未来呢？

希望是我们前行的灯塔。如果一个人的生命中没有希望，就犹如走在伸手不见五指的黑暗隧道中，不知出口在哪里，更甚者只是在一个圆圈内打转。拥有希望，心有盼望地看待未来，我们的人生之路才会越走越顺、越走越精彩！

我的人生我做主

才能就是相信自己，相信自己的力量。

——高尔基

一所国际知名大学30年前曾对当时的在校学生做过一项调查，内容是个人目标的设定情况。调查数据显示，没有目标的人有27%，目标模糊的人有60%，短期目标清晰的人有10%，长期目标清晰的人只有3%。30年后哈佛大学研究了这些调查对象的情况，结果发现，第一类人几乎都生活在社会的最底层，长期在失败的阴影里挣扎；第二类人基本上都生活在社会的中下层，他们没有多大的理想和抱负，整日只知为生存而疲于奔命；第三类人大多进入了白领阶层，他们生活在社会的中上层；只有第四类人，他们为了实现既定的目标，几十年如一日、努力拼搏、积极进取、百折不挠，最终成了百万富翁、行业领袖或精英人物。30年前的目标设定情况决定了30年后的生活状况。

设定自己的目标，就是要设计自己的人生。目标，无论是生活中的小目标，还是人生中的大目标，都需要精心设计。设计会使我们的人生更加完善，而完善的人生一直都是我们所追求的。不论你是知名企业的总裁，还是普通公司的小职员；不论你已经到了百岁之年，还是正处于花季少年，你都离不开人生设计。

人一生中会做无数次的设计，但如果最大的设计——人生设计没做好，那将是最大的失败。设计人生就是要对人生实行明确的目标管理。如果没有目标，或者目标定位不正确，你的一生必然碌碌无为，甚至是杂乱无章。做好人生设计，必须把握两点：一是善于总结，一是善于预测。对过去进行总结和对未来进行设计并不矛盾。只有对自己的过去好好地进行回顾、梳理、反思，才能找出不足，继续发扬优势。这样，在做人生设计时，才能扬长避短。而对未来进行预测，就是说要有前瞻性的观念和能力。假如缺少了前瞻性的观念和能力，人将无法很好地预见自己的未来、预见事物的动态发展变化，也就不可能根据自己的预见进行科学的人生设计。一个没有预见性的人，是不可能设计好人生、走好人生的。

还有一点必须记住，那就是设计好人生的前提是自知、自查。了解自己，了解环境，这是成功的法则。知己知彼，方能百战不殆。对自己有个详细的了解与估量，才能有的放矢地进行人生设计。在知己知彼以后，需要对自己合理定位。人不是神，有很多不足和缺陷，对自己期望过低、过高都不利于成长。

但设计人生不能盲从，也不能一味地服从与遵从死理。设计目标是为了实现，而不是为了设计而设计。设计只是一种手段，不是我们要的结果。因此，我们需要变通的设计，因事因时因地的变化。设计的主动权要掌握在我们自己的手中——我的人生我做主，用自己手中的画笔在画布上描出美丽的图画。

一个人要有独特的负责任的人生设计，这不只是自己的事情，也是这个时代对我们的要求。如果你的理性还在沉睡中，那么快醒醒吧，赶快设计好自己的人生，不要等来不及时才匆匆忙忙地应付。

为自己创造机会

人的一生可能燃烧也可能腐朽，我不能腐朽，我愿意燃烧起来！

——奥斯特洛夫斯基

有一个创业的年轻人在遭受了几次挫折后，有点灰心了，很茫然地靠在一块大石头上，懒洋洋地晒着太阳。

这时，从远处走来了一个怪物。

"年轻人！你在做什么？"怪物问。

"我在这里等待时机。"年轻人回答。

"等待时机？哈哈……时机是什么样，你知道吗？"怪物问。

"不知道。不过，听说时机是个神奇的东西，它只要来到你身边，那么，你就会走运，或者当上官，或者发财，或者娶个漂亮老婆，或者……反正，美极了。"

"嗨！你连时机什么样都不知道，还等什么时机？还是跟着我走吧，让我带着你去做几件于你有益的事！"怪物说着就要来拉年轻人。

"去去去，少来这一套！我才不会跟你走呢！"年轻人不耐烦地说。

怪物叹息着离去。

一会儿，时间老人来到年轻人面前问："你抓住它了吗？"

"抓住它？它是什么东西？"年轻人问。

"它就是时机呀！"

"天哪！我把它放走了！"年轻人后悔不迭，急忙站起身呼喊时机，希望它能返回来。

"别喊了。"时间老人接着又说，"我来告诉你关于时机的秘密吧。它是一个不可捉摸的家伙。你专心等它时，它可能迟迟不来，你不留心时，它可能就来到你面前；见不着它时你时时想它，见着了它时，你又认不出它；如果当它从你面前走过时你抓不住它，那么它将永不回头，你就永远错过了它！"

机遇不会从天而降，需要自己去争取，需要自己去寻求。

机遇总是青睐意志坚定、精力充沛、行动迅速的人。这种人不但善于做出决定，而且善于执行决定。当面对问题的时候，他会全面考虑自己所面对的情况，果断地做出选择，这样的人有超常的管理能力。他不是仅仅制订工作计划，还能够执行工作计划。他不但做出决定，而且还能够将决定贯彻到底。

采取主动，就能创造自己的机会。缜密思虑下策划的行动，是没有任何东西可以取代的。

你可以用各种方法，告诉全世界你有多么优秀，但是你必须通过行动。要让别人知道你的成就，你应该先付诸行动，让人在行动中看到你的成就。

不要等待时来运转，也不要由于等不到而觉得恼火和委屈，要从小事做起，要用行动争取胜利。

记住，立即行动！

立即行动！可以应用在人生每一个阶段的各个方面，帮助你做自己应该做却不想做的事情，对不愉快的工作不再拖延，抓住稍纵即逝的宝贵时机，实现梦想。

机遇不会从天而降，它需要自己去寻求、去创造、去争取。即使机遇真的会从天而降，如果你背着双手，一动不动，机遇也会从你身边溜走。所以，一定要主动地行动起来，抓住每一次机遇，早日到达成功的彼岸。

做最好的自己

能够使我漂浮于人生的泥沼中而不致陷污的，是我的信心。

——但丁

从幼儿园开始，老师们就习惯于将孩子简单地划分为"好学生"和"差学生"两种类型。在他们看来，"好学生"自立、懂事，不用自己和家长过分操心；"差学生"不仅惹是生非，其可怜的成绩还不得不让自己和家长为其前途而担忧。

这样的"二分法"就好像所有的学生分别是从两个不同的模子里刻出来的一样。然而，美国教育界的思维方式恰恰与此相反。

有一次，一位中国家长问美国某大学的校长："你们学校里有多少好学生，有多少差学生？"校长诚恳地说："我们这里没有差学生，只有个性特点不同的学生。"

世界上没有两片完全相同的树叶，每个人的天赋也是不同的。和别人比，你或许在某些方面有些欠缺，但在其他方面你表现得更为突出。成功的关键不是克服缺点、弥补缺点，而是施展天赋、发扬长处。要想获得成就，就要擅长经营自己的强项。

美国盖洛普公司出了一本畅销书《现在，发掘你的优势》。盖洛普的研究人员发现，大部分人在成长过程中都试着"改变自己的缺点，希望把缺点变为优点"，但他们碰到了更多的困难和痛苦；而少数快乐、成功的人的秘诀是"加强自己的优点，并管理自己的缺点"。"管理自己的缺点"就是在不足的地方做得足够好，"加强自己的优点"就是把大部分精力花在自己感兴趣的事情上，从而获得成功。

一只小兔子被送进了动物学校，它最喜欢跑步课，并且总是拿第一；它最不喜欢的是游泳课，一上游泳课它就非常痛苦。但是兔爸爸和兔妈妈要求小兔子什么都学，不允许它有所放弃。

小兔子每天垂头丧气地上学，老师问它是不是在为游泳太差而烦恼，小兔子点点头。老师说，其实这个问题很好解决，你跑步是强项，但游泳是弱项。这样好了，你以后不用上游泳课了，可以专心练习跑步。小兔子听了非常高兴，它专门训练跑步，结果成为跑步冠军。

小兔子根本不是学游泳的料，即使再刻苦，它也无法成为游泳能手；相反，它专门训练了跑步，最后赢得了跑步冠军。

假如一个人性格天生内向，不善于表达，却要去学习演讲，这不仅是勉为其难，而且还会浪费大量时间和精力。假如一个人身材矮小，弹跳力也不好，却要去打篮球，结果，不仅会造成狼狈的局面，而且会打击自信心，让人变得一蹶不振。

在漫漫的人生旅途中，没有人是弱者，只要找到自己的强项，就找到了通往成功的大门。

人生的诀窍就在于经营好自己的长处，扬长避短，才能创造出人生的辉煌。若舍本逐末，用自己的弱项和别人的强项拼，失败的只能是自己。从这个角度来说，千万别轻视了自己的一技之长，尽管它可能并不高雅，却可能是你终生依赖的财富。

每个人都不是弱者，每个人都有实现自己梦想的可能，只要我们找准自己的最佳位置，努力经营自己的强项，并将这个专长发挥到极致，我们一定能成为某一领域的"王者"！

第四章

旁人很好，但你也不差

态度影响人生的高度

人们的前途只能靠自己的意志、自己的努力来决定。

——茅盾

在这个世界上，成功卓越者少、失败平庸者多。成功者活得充实、自在、潇洒，失败者过得空虚、艰难。产生这种区别的原因很简单，就是是否具有积极的生活态度。比较一下成功者与失败者的态度，我们就会发现，是否拥有积极的态度，决定了你的人生走向。

林东现在已经是铁路上的站长了。而他成功的第一步就是因为他把一件极小的事情做得非常彻底——在扫车站的月台时，扫得非常仔细。该铁路前巡回审计主任说："第一次见到林东时，我正坐在月台前的一个专车里，当时他穿着深蓝色的工作服，正在打扫月台。

"他那种扫月台的方法，引起了我的注意。他不留一点儿尘垢，也不乱用一点儿气力，就好像工程师设计一项工程一样。当时副监察主任和我同在一辆车上，我便叫他来注意那个工人扫月台的方法，我们都觉得这个工人值得注意。我们以后对他便格外留心。不久以后，我们就让他在车站上做另外一项工作，想先试试他。不出所料，他做得相当出色，我们便把他升为头等站长。"对于林东个人来说，当初他自己肯定没有料到：仔细扫月台会成为他升迁至站长的第一个台阶。这就是态度的神奇功效！

林东成功的秘密在于他对人生、对工作时刻持有一种积极的态度。只要对工作和生活抱着一种积极态度，人生总会有其高度！

不同的态度，导致了不同的人生。积极的态度决定了高标准的人生，工作的态度是决定一个员工职场生涯的重要因素，而且，态度不仅仅和工作相关，对人的一生来说，它还具有更宽广的意义。用一位古代哲人的话来说就是："态度决定你的高度！"在这方面，美国电话电报公司总经理西奥多·韦尔的成功经历会对我们有更大启发。

几十年前，美国有一位年轻的铁路邮递员，和其他邮递员一样，他也用陈旧的方法干着分发信件的工作。大部分的信件都是凭这些邮递员用不太准确的记忆来分类发送的。因此，许多信件往往会因为记忆出现差错而耽误几天甚至几个星期。于是，这位年轻的邮递员开始寻找另外的办法。

他发明了一种把寄往某一地点的信件统一会集起来的制度。这位邮递员就是西奥多·韦尔。就是这一件看起来很简单的事，成了他一生中影响最为深远的事情。他的图表和计划吸引了上司们的广泛注意。没多久，他就获得了升迁的机会。五年以后，他成了铁路邮政总局的副局长，不久又被升为局长，最后成为美国电话电报公司总经理。

从西奥多·韦尔的例子中,我们可以看出,再细微的工作只要用心去做,都会有回报,以认真积极的态度走好每一步,就能拥有一个不一样的人生。

如果你对自己的生活采取一种敷衍的态度,那么生活给你带来的回报也是敷衍的;如果你以一种积极的态度去对待它,它也会让你收获殷实,并且助你登上人生的顶峰。

积极是激发潜能的自我暗示

人人都有着惊人的潜力,要相信你自己的力量,要不断地告诉自己:"万事在我。"

——纪德

暗示,是一种特殊的心理意识,对人的心理和生理都有巨大的影响。现代科学证明,暗示对于人体的生理机能有明显的影响。

有人曾做过这样一个实验,设计一个两端平衡的跷跷板,让实验者躺在上面假想自己正骑自行车。虽然身体未动一丝一毫,但不断的自我暗示使没有外力作用的平衡跷跷板朝脚底倾斜。

原来假想的意向性运动使实验者的下肢血管扩张,血流向下肢,敏感的跷跷板就发生了变化。

暗示可以分为积极暗示和消极暗示。消极的暗示能扰乱人的心理、行为及人体生理机能并造成疾病。

许多神经衰弱官能症，往往是由于自我暗示而加重的。心理学家指出，如果你反复进行消极的自我暗示，便会形成根深蒂固的消极模式，使自己在潜意识或无意识中发生动作和行为。

当你发现自己被消极暗示束缚而无法自拔时，可以运用积极暗示，并且持之以恒，积极的暗示就会潜移默化地起作用，逐渐唤醒体内积极的暗示作用，达到健全心理机能的功效。

积极的自我暗示，是对某种事物有力、积极的叙述，这是一种使我们正在想象的事物坚定和持久的表达方式。

进行肯定的练习，能让我们用一些更积极的思想和概念来替代我们过去陈旧的、否定性的思维模式，这是一种强有力的技巧，一种能在短时间内改变我们对生活的态度和期望的技巧。

自我暗示有很多种方法：可以默不作声地进行，也可以大声地说出来，还可以在纸上写下来，更可以歌唱或吟诵。

每天只要十分钟有效的练习，就能抵消我们许多年的思想习惯，归根到底，都是一种积极心态在起作用。

我们要经常性地意识到我们正在告诉自己的一切，选择积极的语言和概念，就能够很容易地创造出一个积极的现实。

摩拉里在很小的时候，就梦想站在奥运会的领奖台上，成为世界冠军。

1984年，一个机会出现了，他在自己擅长的项目中，成为全世界最优秀的游泳者。但在洛杉矶的奥运会上，他只拿了亚军，梦想并没有实现。

他没有放弃希望，仍然每天在游泳池里刻苦训练。这一次目标是1988年韩国汉城奥运会金牌，他的梦想在奥运预选赛时就破灭了，他竟然被淘汰了。

带着失败的不甘，他离开了游泳池，将梦想埋于心底，跑去康乃尔念律师学校。有三年的时间，他很少游泳。可他心中始终有股烈焰，他无法抑制这份渴望。

离1992年夏季赛不到一年的时间，他决定孤注一掷。在这项属于年轻人的游泳比赛中，他算是高龄者，想赢得百米蝶泳的想法简直愚不可及。

这一时期，他又经历了种种磨难，但他没有退缩，而是不停地告诉自己："我能行。"

结果，在不停地自我暗示下，他终于站在世界泳坛的前沿，不仅成为美国代表队成员，还赢得了初赛。

他的成绩比世界纪录只慢了一秒多，奇迹的产生离他仅有一步之遥。

决赛之前，他在心中仔细规划着比赛的赛程，在想象中，他将比赛预演了一遍。他相信最后的胜利一定属于自己。

比赛如他所预想，他真的站到了领奖台上，看着星条旗冉冉上升，听着美国国歌响起，颈上挂着梦想的奥运金牌。

摩拉里没有被消极思想所打败，在艰苦的环境中，他不断地进行积极的自我暗示，终于打破常规，获得奇迹般的胜利。

潜能是一个巨大的能量宝库，积极心态是开启这座宝库的金钥匙。不断地对自己进行积极暗示，就能够发掘这座巨大的能量宝库，发挥无穷的力量，创造出一个又一个奇迹。

自我暗示是世界上最神奇的力量，积极的自我暗示往往能唤醒人的潜在能量，将他提升到更高的境界。我们可以通过有意识的自我暗示，将有益于成功的积极思想和感觉，撒到潜意识的土壤里，并在成功过程中减少因考虑不周和疏忽大意等招致的破坏性后果，全力拼搏，不达目的不罢休。

正视现实，不畏困境

世界之路并没有铺满鲜花，每一步都有荆棘，但是你必须走过那条荆棘路，愉快，微笑！

——泰戈尔

生活就像一座困境的围城。也许在这座围城中会遇到种种麻烦：目前从事的工作不是自己喜欢的，周围的同事可能不喜欢你，自己努力做好了每一件事但上司就是没有表彰的措施，对自己的收入有很多的不满……这个时候，想必你对生活是充满了失望的。这样的情绪很多人都曾有过，即使那些现在已经拥有一番事业的成功人士也一样，他们也曾经为了自己不得不比别人更努力而抱怨连连，可是最后他们都能调整自己的心态，转换到乐观的心态中去。

所以，面对不如意的事情时，不要总是抱怨领导不懂得欣赏自己，同事、下属素质低，家人不争气，拖自己的后腿……而应该以乐观的心态去面对，正视现实，不畏困境，这样你才会从不如意中找到成功的机遇。

《动物世界》里一头骆驼步履蹒跚，艰难地在烈日下行走。

解说词旁白：这是一头正在生病的骆驼，它要独自步行40多千米，去沙漠深处的水源旁采摘一种植物。据说吃下那种植物，骆驼的病很快就能好转、痊愈！生病的骆驼，居然独自走这么远的路去找药，实在可怜呀。屏幕上，骆驼默默无语地走着，好像根本就没有想过需要陪护之类的！四条腿抬起又沉重地落下，庞大的身躯忍受着阳光的烤灼和病痛的折磨而缓缓前行。孤苦吗？很疼吗？想哭吗？那就痛快地大哭一场吧。可是再细瞧骆驼的面庞，却全然没有一般人想象中的迹象，除了倦怠，骆驼的脸上是一种平静而怡然的神态。

单调枯黄的沙漠、沉闷的天空、灼热的太阳随着镜头的推进一一浮现。生病的骆驼终于走完了寂寞的路程，找到了治病的植物，几天之后，生病的骆驼康复了，它甩开蹄子在大沙漠上快乐地奔跑游玩，充分享受着自救带来的幸福感觉。

沙漠、病痛，对于人来说，可能是生命的绝境，而骆驼却可以坦然面对，没有绝望和无助。骆驼这种乐观的心态，给人很大的震撼和启发。

现代社会是一个竞争激烈的社会，如何保持乐观的心态是相当重要的。许多研究心理健康的专家一致认为，适应能力强的人或心理健康的人，能以"正视现实"的心态和行为面对挑战，而不是逃避问题，怨天尤人。

其实，人的一生，或多或少都会遇到一些意外和不如意的事情，我们能否以乐观的心态来面对是至关重要的。

一个人在心理状况最糟糕的状态下，不是走向崩溃就是走向希望和光明。有些人之所以有着不如意的遭遇，很大程度上是由于他们个人的主观意识在起着决定性作用，他们选择了逃避，而事实上逃避根本解决不了任何问题。如果我们能够善待自己、接纳自己，选择乐观的心态，坦然地面对生活，就会拥有更美好的生活。

没有不快乐的人生，只有一颗不肯快乐的心。正是因为很多持乐观心态的人都善于控制自己的情绪，乐观面对困境，才没有被困难压倒，用"心"为自己制造了一个幸福的天堂，让自己的生活每天都充满了快乐。

纵使平凡，也不要平庸

  有志者，事竟成，破釜沉舟，百二秦关终属楚；苦心人，天不负，卧薪尝胆，三千越甲可吞吴。

——蒲松龄

  平凡与平庸是两种截然不同的生活状态：前者如一颗使用中的螺丝钉，虽不起眼，却真真切切地发挥作用，实现价值；后者就像废弃的钉子，无心也无力参与机器的运作。

  平凡者纵使渺小却挖掘着自己生命的全部能量，平庸者却甘居无人发现的角落不肯露头。虽无惊天伟绩但物尽其用、人尽其能，这叫平凡；有能力发挥却自掩才华，自甘埋没，这叫平庸。

  世间生命多种多样，有天上飞的，有水中游的，有陆上爬的，有山中走的；所有生命，都在时间与空间之流中兜兜转转。生命，总以其多彩多姿的形态展现着各自的意义和价值。

  "生命的价值，是以一己之生命，带动无限生命的奋起、活跃"，智慧禅光在众生头顶照耀，生命在闪光中见出灿烂，在平凡中见出真实。所以，所有的生命都应该得到祝福。

  "若生命是一朵花就应自然地开放，散发一缕芬芳于人间；若生命是一棵草就应自然地生长，不因是一棵草而自卑自叹；若生命好比一只蝶，何不翩翩飞舞？"梁晓声笔下的生命皆有一份怡然自得、超然洒脱。芸芸众生，既不是翻江倒海的蛟龙，也不是称霸林中的雄狮，我们在苦海里颠簸，在丛林中避险，平凡得像是海中的一滴水、林中的一片叶。

海滩上，这一粒沙与那一粒沙的区别你可能看出？旷野里，这一堆黄土和那一堆黄土的差异你是否能道明？

每个生命都很平凡，但每个生命都不卑微，所以，真正的智者不会让自己的生命陨落在无休无止的自怨自艾中，也不会甘于身心的平庸。

你可见过在悬崖峭壁上卓然屹立的松树？它深深地扎根于岩缝之中，努力舒展着自己的躯干，任凭阳光暴晒，风吹雨打，在残酷的环境中它始终保持着昂扬的斗志和积极的姿态。

或许，它很平凡，只是一棵树而已，但是它并不平庸，它努力地保持着自己生命的傲然姿态。

有一个寓言让我们懂得，每个生命都不卑微，都是大千世界中不可缺的一环，都在自己的位置上发挥着自己的作用。

一只老鼠掉进了桶里，怎么也出不来。老鼠吱吱地叫着，它发出了哀鸣，可是谁也听不见。

可怜的老鼠心想，这个桶大概就是自己的坟墓了。正在这时，一头大象经过桶边，用鼻子把老鼠吊了出来。

"谢谢你，大象。你救了我的命，我希望能报答你。"

大象笑着说："你准备怎么报答我呢？你不过是一只小小的老鼠。"

过了一些日子，大象不幸被猎人捉住了。猎人用绳子把大象捆了起来，准备等天亮后运走。

大象伤心地躺在地上，无论怎么挣扎，也无法把绳子扯断。

突然，小老鼠出现了。它开始咬着绳子，终于在天亮前咬断了绳子，替大象松了绑。

大象感激地说："谢谢你救了我的命！你真的很强大！"

"不，其实我只是一只小小的老鼠。"小老鼠平静地回答。

每个生命都有自己绽放光彩的刹那，即使是一只小小的老鼠，也能够拯救比自己体形大很多的巨象。

故事中的这只老鼠正是星云大师所说的"有道者"，一个真正有道的人，即使别人看不起他，把他看成是卑贱的人，他也不受影响，因为他知道自己的人格、道德，不一定要求别人来了解、来重视。他依然会在自我的生命之旅中将智慧的种子撒播到世间各处。

有人说："平凡的人虽然不一定能成就一番惊天动地的伟业，但对他自己而言，能在生命过程中把自己点燃，即使自己是根小火柴，只能发出微微星火也就足够了；平庸的人也许有一大捆火药，但他没有找到自己的引线，在忙忙碌碌中消沉下去，变成了一堆哑药。"

也许你只是一朵残缺的花，只是一片熬过旱季的叶子，或是一张简单的纸、一块无奇的布，也许你只是时间长河中一个匆匆的过客，不会吸引人们半点的目光和惊叹，但只要你拥有积极的心态，并将自己的长处发挥到极致，就会成为成功驾驭生活的勇士。

平庸的生命，没有激情、没有光明，碌碌无为，悄然无声，等待着命运的青睐，等待着善良的支援。最后，生命之树因为平庸而枯萎凋零、不足挂齿……平凡地生，但不能平庸地死，这是心态积极者的生命宣言！

转个弯，从困难中发掘机遇

困难，特别吸引坚强的人。因为他只有在拥抱困难时，才会真正认识自己。

——戴高乐

对于你所遭遇的困难，你愿意努力去尝试，而且不止一次地尝试吗？只试一次是绝对不够的，需要多次尝试。那样你会发现自己心中蕴藏着巨大能量。竭尽所能去尝试改变，这些努力正是成功的必备条件。

有时候，持一种乐观的心态，积极地去想去做，一个人的困难可能就是他的机遇。

世界著名田径骄子海尔·格布雷西拉西耶出生在埃塞俄比亚阿鲁西高原上的一个小村里，这个小男孩，每天腋下夹着课本，赤脚跑步10千米上学和回家。贫穷的家境使他不可能坐车去上学。为了上课不迟到，他每天都一路奔跑。如今，这位曾经夹着课本跑步上学的小男孩在世界长跑比赛中,先后15次打破世界纪录,成为当今世界上最优秀的长跑运动员之一。如果他出身富裕家庭,坐车上学,绝不可能成为当今世界的田径骄子。

后来,他总是说:"我要感谢贫困,因为贫困,我别无选择,只好跑步上学。"正是跑步上学,使他成为一名优秀的长跑运动员。小时跑步上学的艰苦磨炼是他成才的基石。

可见,不轻易屈服于困境,使之成为打磨自己的试金石,机遇便会从中诞生。很多人与成功失之交臂,并非他们缺少才智,而是他们缺乏变困难为机遇的勇气、眼界,缺乏一种乐观的阳光心态。

清朝时,安徽青年王致和赴京应试落第后,决定留在京城,一边继续攻读,一边学做豆腐谋生。可是,他毕竟是个年轻的读书人,没有做生意的经验,夏季的一天,他所做的豆腐剩下不少,只好用小缸把豆腐切块腌好。但日子一长,他竟忘了有这缸豆腐,等到秋凉时想起来了,但腌豆腐已经变成了"臭豆腐"。王致和十分恼火,正欲把这缸"臭气熏天"的豆腐扔掉时,转而一想,虽然臭了,但自己总还可以留着吃吧。于是,就忍着臭味吃了起来,然而,奇怪的是,臭豆腐闻起来虽有股臭味,吃起来却非常香。

于是,王致和便拿着自己的臭豆腐去给自己的朋友吃。好说歹说,别人才同意尝一口,没想到,所有人在捂着鼻子尝了以后,都赞不绝口,一致认为此豆腐美味可口。王致和借助这一错误,改行专门做臭豆腐,生意越做越大,而影响也越来越广。从此,王致和与他的臭豆腐身价倍增，臭豆腐还被列为御膳菜谱。直到今天，许多外国友人到了北京，都还点名要品尝这所谓"中国一绝"的王致和臭豆腐。

成功者与失败者最大的不同，就在于前者珍惜失败的经验，他们善于从失败中挖掘机遇，寻找新的方法，反败为胜，获得更大的胜利；后者一旦遭遇失败的打击就坠入痛苦的深渊中不能自拔，每天自怨自艾，直至绝望，又怎能发现好机遇！

俗话说：东方不亮西方亮，旱路不通水路通。人生之中，困境常与机遇并存，任何问题都隐含着创造的可能，问题的产生是成功的开端和动力。当你明白这一点，你将会发觉，世界如此广阔，可供翱翔的天空竟这般高，只要你心态乐观，你想飞多高就可以飞多高。

世上有问题、困难，却没有绝境。机遇到处都有，只要你心态阳光、乐观，有足够灵活的头脑、敏锐的慧眼和及时把握机遇的意识，走到哪儿都能发现机遇。所以，当我们遇到困难时，一定要学会转个弯，把它作为机遇的宝藏，选择新的目标或探求新的方法，走出困境。

乐观面对，才能乐享生活

你是快乐还是痛苦，不完全取决于你得到什么，更多的在于你用心去感受到了什么。

——亨利·霍夫曼

乐观是无形的，但它是有力量的，而且乐观的力量又是超乎想象的。拥有乐观心态的人会变通地看待生活和问题，他们总能在困难和不幸中发现美好的事物。他们总向前看，他们相信自己，相信自己能主宰一切。

苏珊娜是由情绪非常积极而且又非常善于解决问题的母亲抚养成人的。母亲给人鼓舞的教育对苏珊娜的成长带来莫大的帮助。苏珊娜刚刚4岁的时候，父亲就因心脏病去世了。当时，她的母亲只有27岁，带着两个孩子，又没有钱。突如其来的厄运给她的打击几乎是致命的，使她一度陷于绝望。但她终于重新振作起来，鼓足勇气活下去。在苏珊娜的父亲死后的好几年里，她们家非常穷，怎样勉强填饱肚子是母亲最担心的事。可是，她的母亲没有为家境贫穷而烦恼，而是想办法去挣钱，在家里为一个当律师而雇不起全日秘书的邻居做打字工作。苏珊娜也找到一个贴补家用的门路，她8岁的时候，就教邻居一些还没上学的孩子识字。那些孩子的父母亲很感激，便供给她食宿费用。

苏珊娜最敬佩的，就是母亲那种乐观的精神。她记得，如果遇到五件难题，母亲就会说："没遇到六件难题，这不是走运吗？"当时买不起汽车，母亲就说："咱们住得离公共汽车站这么近，难道还不满意吗？"

过节的时候没钱给她买新衣服，母亲就用家里的旧衣服拼拼凑凑地做一件，然后就表扬自己的手艺好。她高高兴兴地处理这些问题。

苏珊娜在学校上学的时候，有一次没被选上班干部。母亲说："好呀，现在有时间来筹划搞一次比较成功的竞选运动了，下次选举你一定能够当选。"

多年耳闻目睹她的母亲这样乐观积极地处理问题，苏珊娜也具有了积极的生活态度。凡是遇到困难的时候，她就以学来的乐观情绪去对待，战胜困难。母亲微笑的脸和充满鼓励的话，总是给她鼓劲，增加她的勇气。每当她情绪消沉，抱怨不满或者在学校里碰到难办的事情，对母亲的回忆就会帮她坚持下去，然后得到一个很好的结果。不管是对待工作的问题、亲戚的问题，还是对待她自己的问题，都是这样。

牛顿说："愉快的生活是由愉快的思想造成的，愉快的思想又是由乐观的个性产生的。"的确，生活是你自己的，选择快乐还是痛苦都由你决定。要想赢得人生，就不能总把目光停留在那些消极的东西上，那只会使你沮丧、自卑、徒增烦恼，而应该拥有一种阳光的心态，乐观地面对一切悲伤与快乐，这样你才会因为花开而欢欣鼓舞，因为虫鸣而享受自然，因为身边一切美好的事物而乐享生活。

人生过程中的挫折、逆境是无法避免的，而我们唯一能做的，便是改变我们自己的心态，缔造乐观心态。只要拥有乐观的心态，总能找到快乐的理由。只要我们乐观地面对生活，不论遭遇怎样的逆境或磨难，都以乐观的心态面对，就会发现，生活里原来到处都充满阳光。

找出自己真正想要的

心灵建造了天国，也建造了地狱。

——弥尔顿

人之一生，背负的东西太多，钱、权、名、利，都是我们想要的，一个也不想放下，压得我们喘不过气来。有时我们拥有的内容太多太乱，我们的心思太复杂，我们的负荷太沉重，我们的烦恼太无绪，诱惑我们的事物太多，大大地妨碍我们，无形而深刻地损害我们。生命如舟，载不动太多的欲望，怎样使之在抵达彼岸前不在中途搁浅或沉没？我们是否该选择轻载，丢掉一些不必要的包袱，那样我们的旅程也许会多一份从容与安康。

明白自己真正想要的东西是什么，并为之而奋斗，如此才不枉费这仅有一次的人生。英国哲学家伯兰特·罗素说过，动物只要吃得饱，不生病，便会觉得快乐了。人也该如此，但大多数人并不是这样。生活中，很多人忙于追逐事业上的成功而无暇顾及自己的生活。他们在永不停息的奔忙中忘记了生活的真正目的，忘记了什么是自己真正想要的。这样的人只会看到生活的烦琐与牵绊，而看不到生活的简单和快乐。

心态乐观的人懂得，我们的人生要有所获得，就不能让诱惑自己的东西太杂太多，不能让努力的方向分叉。要简化自己的人生，经常地有所放弃，要学习经常否定自己，把自己生活中和内心里的一些东西断然放弃掉。

仔细想想你的生活中有哪些诱惑因素，是什么一直干扰着你，让你的心灵不能安宁，又是什么让你坚持得太累，是什么在阻止你快乐。把这些让你不快乐的包袱统统扔弃。只有放弃我们人生田地和花园里的这些杂草害虫，我们才有机会同真正有益于自己的人和事亲近，才会获得适合自己的东西。我们才能在人生的土地上播下良种，致力于有价值的耕种，最终收获丰硕的粮食，在人生的花园采摘到鲜丽的花朵。

所以，仔细想想你在生活中真正想要的是什么？认真检查一下自己肩上的背负物，看看有多少是我们实际上并不需要的，这个问题看起来很简单，但是意义深刻，它对成功目标的制订至关重要。

其实，要打发时间并不难，随便找点什么活动就可以应付，但是，如果这些活动的意义不是你设计的本意，那你的生活就失去了真正的意义。你能否提高自己的生活品质，并且使自己满足、有所成就，完全看你能否确定自己真正需要什么，然后能不能尽量满足这些需要。

生活中最困难的一个过程就是要弄清楚我们自己究竟想要什么。大多数人都不知道自己真正想要什么，因为我们不曾花时间来思考这个问题。面对五光十色的世界和各种各样的选择我们更不知所措，所以我们会不假思索地接受别人的期望来定义个人的需要和成功，社会标准变得比我们自己特有的需求还要重要。

　　我们总是太在意别人的看法，以致我们下意识地接受了别人强加于我们的种种动机，结果，努力过后才发现自己的需求一样都没能满足。更复杂的是，不仅别人的意见影响着我们的欲望，我们自己的欲望本身也是变化莫测的。它们因为潜在的需要而形成，又因为不可知的力量而发生着变化。我们经常得到过去十分想要，而现在却不再需要的东西。

　　如果有什么原因使我们总是得不到自己想要的东西的话，这个原因就是你并不清楚自己到底想要什么。在你决定自己想要什么、需要什么之前，不要轻易下结论，一定要先做一番心灵探索，真正地了解自己，把握自己的目标。只有这样，你才能在生活中满意地前进。

　　要得到生活中想要的一切，当然要靠努力和行动。但是，在开始行动之前，一定要弄清楚，什么才是自己真正想要的。因为你真正想要的东西能使你迸发出生命的潜力，能忍受身心的折磨和痛苦，使你爆发出巨大的勇气和能量。

第五章

好的改变，什么时候都不晚

培养重点思维

射人先射马,擒贼先擒王。

——杜甫

拥有重点思维,是一种心态务实的表现。如果一个人没有重点地思考,就等于无主要目标,做事的效率必然会十分低下。相反,如果他抓住了主要矛盾,解决问题就变得容易多了。

查尔斯是一个具有重点思维习惯的务实者。

查尔斯于1970年加入了凯蒙航空公司从事业务工作,3年以后,美国西南航空公司出资买下了这家公司,查尔斯先后担任了市场调研部主管和公司经理。他由于熟悉了业务,并且善于解决经营中的主要问题,使得这家公司发展成北美第一流的旅游航空公司。

查尔斯的经营才能得到了公司高层领导的高度重视,他们决定对查尔斯进一步委以重任。航联下属的一家国内民航公司购置了一批喷气式客机,由于经营不善,连年亏损,到最后就连购机款也偿还不起。1978年,查尔斯调任该公司的总经理。担任新职的查尔斯充分发挥了擅长重点思维的才干,他上任不久,就抓住了公司经营中的问题症结：国内民航公司所订的收费标准不合理，早晚高峰时间的票价和中午空闲时间的票价一样。查尔斯将正午班机的票价削减一半以上，以吸引去瑞典湖区、山区的滑雪者和登山野营者。此举一出，很快就吸引了大批旅客，载客量猛增。查尔斯任主管后的第一年，国内民航公司即扭亏为盈，并获得了丰厚的利润。

查尔斯认为，如果停止使用那些大而无用的飞机，公司的客运量还会有进一步的增长。一般旅客都希望乘坐直达班机，但庞大的"空中巴士"无法满足他们的这一愿望，尽管DC-9客机座位较少，但如果让它们从斯堪的纳维亚的城市直飞伦敦或巴黎，就能赚钱。但是原来的安排是DC-9客机一般到了哥本哈根客运中心就停飞，旅客只好去转乘巨型"空中客车"。查尔斯把这些"空中客车"撤出航线，仅供包租之用，开辟了奥斯陆—巴黎之类的直达航线。

与此同时，查尔斯的另一举措也充分显示了他的重点思维能力，这就是"翻新旧机"。当时市场上的那些新型飞机引不起查尔斯的兴趣，他说，就乘客的舒适程度而言，从DC-3客机问世之日起，客机在这方面并无多大的改进，他敦促客机制造厂改革机舱的布局，腾出地盘来加宽过道，使旅客可以随身携带更多的小件行李。查尔斯不会想不到他手下的飞机已使用达14年之久，但是他声称，秘诀在于让旅客觉得客机是新的。美国西南航空公司拿出1500万美元（约为购买一架新DC-9客机所需要费用的65%）来给客机整容，更换内部设施，让班机服务人员换上时尚新装。公司的DC-9客机一直使用到

1990年。靠着那些焕然一新的DC-9客机，招徕越来越多的旅客，当然，滚滚财源也随之而来。

查尔斯是善于重点思维的典范。把精力集中在重要问题上，从重点问题上寻求突破，是卓越人士的一项重要习惯。拿破仑·希尔认为正确的思维方法应遵循两个原则：第一，必须把事实和纯粹的资料分开。第二，事实必须分成两种，即重要的和不重要的，或是有关系和没有关系的。

在达到你的主要目标的过程中，你所能使用的所有事实都是重要而有密切关系的，而那些不重要的则往往对整件事情的发展影响不大。某些人忽视这种现象，那么机会与能力相差无几的人所作出的成就大不一样。

那些心态务实的人都已经培养出一种习惯，就是找出并设法控制那些最能影响他们工作的重要因素。这样一来，他们也许比起一般人来会工作得更为轻松愉快。由于他们已经懂得秘诀，知道如何从不重要的事实中抽出重要的事实，这样，他们等于已为自己的杠杆找到了一个恰当的支点，只要用小指头轻轻一拨，就能移动原先即使以整个身体和重量也无法移动的沉重的工作。

一个人只有养成了重点思维的习惯，才能在实际中避免眉毛胡子一把抓，从而赢得经营上的成功和丰厚的利润，也才会在日后的工作生活中取得良好的成就。

立即行动不拖拉

上天永远不会帮助不动手去做的人。

——索福克勒斯

大自然中没有任何一件事情可以自己行动，即使我们天天要用的几十种机械设备也离不开这个原理。因此，每一个行动前面都有另一个行动。如果你想调节家里的室温，你必须选择行动；如果你想让你的汽车变速，那么你必须换挡才可以。

有一位幽默大师曾说："每天最大的困难是离开温暖的被窝走到冰冷的房间。"他说得不错，当你躺在床上认为起床是件不愉快的事时，它就真的变成一件困难的事了。就是这么简单的起床动作，即把棉被掀开，同时把脚伸到地上的自动反应，都足以击退你的恐惧。

凡心态务实的人都不会等到精神好时才去做事，而是推动自己的精神去做事。

为了养成行动的好习惯，你可以遵照以下两点去做：

用自动反应去完成简单的、烦人的杂务

不要想它烦人的一面，什么都不想就直接投入，一眨眼就完成了。大部分的家庭主妇都不喜欢洗碗，拿破仑·希尔的母亲也不例外。但她自己发明了一套做法来解决这个问题，以便有时间做她喜欢做的事。她离开饭桌时，便带着空盘子，在她根本没想到洗碗这个工作时，就已经开始洗碗了，几分钟就可以洗好。这种做法不是比清洗一大堆堆了很久的脏盘子更好吗？现在就开始练习，先做一件你不喜欢的工作，在还没讨厌它之前就赶快做，这是处理杂务最有效的方法。

将这种方法推而广之

把这种方法应用到"设计新构想""拟订新计划""解决新问题"，甚至应用到需要仔细推敲的工作上。不能等精神来推动你去做，要推动你的精神去做。这里有个技巧保证有效，用一支铅笔和白纸去计划。铅笔是使你全神贯注的最好工具。潜能大师安东尼·罗宾认为，如果要从"布置豪华、设备完善的办公室"跟"铅笔与纸"中任选一项来提高工作效率的话，他宁肯选择铅笔与纸，因为用铅笔与纸可以把心思牢牢贯注在一个问题上。

把你的想法写在纸上时，你的注意力就会集中在上面，你的潜能也会因此而发掘出来。因为我们无法一心二用，何况你在纸上写东西时，也会同时将它写在心里。如果把相关的想法同时写出来，就可以记得更久，记得更准确，这是许多实验已经证实并得出的结论。一旦养成这个习惯，你的思想就会促使你行动，你的行动就会引发新的行动。

生活中，无论面对任何事情，我们都不要犹豫不决，不要左顾右盼，不要拖拖拉拉，因为顺利达成目标的秘诀就是立即行动。

科学地利用时间

时间就是金钱。假如说，一个每天能挣10个先令的人，玩了半天，或躺在沙发上消磨了半天，他以为他在娱乐上仅仅花了6个便士而已。不对！他还失掉了他本可以挣得的5个先令。

——本杰明·富兰克林

生活中，很多心态不务实的人在做一件事时常会计算其成本，但是却往往忽略了时间成本，这让他们浪费了很多宝贵的光阴。

正所谓：一寸光阴一寸金，寸金难买寸光阴。时间是人的第一资源，谁善于运用时间，谁就找到了通向成功的阶梯。所以，每个心态务实的人都应牢记：时间给勤奋者以智慧，给懒汉以悔恨。

放弃时间的人，时间也放弃他。

伍迪·艾伦指出，生活中90%的时间只是在混日子。大多数人的生活层次只停留在：为吃饭而吃阪、为搭公车而搭公车、为工作而工作、为了回家而回家。他们从一个地方逛到另一个地方，事情做完一件又一件，好像做了很多事，但却很少有时间从事自己真正想完成的目标。就这样，一直到老死。大部分人临到退休时才发现自己虚度了大半生，而剩余的日子又在病痛中一点点地流逝。

经验表明，成功与失败的界限在于怎样分配时间，怎样安排时间。人们往往认为，这儿几分钟，那儿几小时没什么用，但实际上它们的作用很大。

时间上的这种差别非常微妙，也许要过几十年才看得出来，但有时这种差别又很明显，贝尔就是个例子。贝尔在研制电话机时，另一个叫格雷的也在进行这项试验，两个人几乎同时获得了突破，但是贝尔到达专利局比格雷早了两小时，当然，这两人是互不知道对方的，但贝尔就因这 120 分钟而取得了专利。

下面是几个有效地利用时间的方法，或许能给你一些启示和帮助：

制订工作表

把要做的事情按照轻重缓急的顺序依次列出，把时间和精力集中在处理最重要的事情上，而不是平均分配。每天定期检查进度，进行必要的调整。

设定期限

我们都有经验，一件工作如果设定了期限，我们心中就会产生紧迫感，从而更快地进入状态、更高效地工作，反之则可能拖拖拉拉，延误了时间和工作。

学会说"不"

虽然"不"不太容易说出口，你还是要学会说"不"，否则，你的时间将会在忙于应付别人的要求中流失。委婉的拒绝既不伤感情，也不会让你中断手头的工作，比如："我很乐意帮忙，可是我现在有事情在忙，可不可以等我手头的工作做完？"

善于利用零碎时间

在我们的日常生活中，经常有很多零碎时间，比如上班途中的等车、坐车时间，中午的午休时间，睡觉前的闲暇等。如果能珍惜并充分利用这些大大小小的零碎时间，持之以恒，我们会发现这是一笔巨大的财富。

变"闲暇"为"不闲"，也就是不偷清闲，不贪逸趣

爱因斯坦曾组织过享有盛名的"奥林比亚科学院"，每晚例会，与会者总是手捧茶杯，边饮茶，边议论，后来相继问世的各种科学创见，有不少产生于饮茶之余。据说，茶杯和茶壶已列为英国剑桥大学的一项"独特设备"，以鼓励科学家们充分利用余暇时间，在饮茶时沟通学术思想，交流科技成果。

学会授权

如果身为主管，可以试着把部分工作交给下属处理，如果不是，你也许可以和同事交换一下工作，有些你深以为苦的工作，同事却能轻而易举地完成。和他人分摊工作能有效地节省时间，并减少工作单调的压力。

科学地利用时间是一种心态务实的表现，一天的时间如果不好好规划，就会消失得无影无踪，我们就会一无所成。

调动起所有向上的潜能

　　有信心的人，可以化渺小为伟大，化平庸为神奇。

——萧伯纳

　　从小到大，我们听过长辈无数次的教诲：要对自己有信心，要自信，可每到关键时刻都会不由自主地怀疑自己：我可以吗？我真的行吗？等事情结束了又懊恼地抱怨："如果当初坚持我的看法就好了，我明明是对的。"我们就在自己的抱怨声中错过了一次又一次接近成功的机会。

　　拳击运动员在看准目标后，收拢五指，攥紧拳头，积聚全身的力量用力出击，一拳又一拳地打在对手身上，扎扎实实。我们看到的是力量。

　　春天小草破土而出，歪歪斜斜地扎根在属于它的土壤里，即便风吹雨打，即便遭人践踏，仍然顽强地生存着。

　　诸葛亮大开城门，焚香拂琴，童子侍立，卒扫西街，虽无兵迎敌，却逼得司马懿引兵而退。我们看到的是沉着冷静，气定神闲。

　　…………

　　很多时候，自信对我们而言，就是一种积蓄了很久突然迸发出的力量，是来自生命力中不屈不挠的韧性，是内心的淡定和坦然。孔子说，"仁者不忧，智者不惑，勇者不惧"，能做到不忧、不惑、不惧的人，内心必然是无比强大和自信的。不看重外在世界的纷繁变化，不在意个人利益的得与失，内心的强大与坦然，能够化解许许多多的遗憾。而内心的这份强大与坦然，就是来自自信，只有相信自己，才能调动起你所有向上的潜能。

俗话说，能登上金字塔的生物只有两种——老鹰和蜗牛。虽然我们不能人人都像雄鹰一样展翅翱翔、一飞冲天，但至少我们可以像蜗牛那样凭着自己的信念和耐力不断前行。每个人生来都是不同的个体，但我们每个人都有对生活的热爱，有对高尚的渴望，有对真理的追求。自信能让我们感到生命的活力，保持勇往直前、奋发向上的劲头。人生需要进取的力量，而自信是和力量成正比的。只有具备了足够的进取力量，才能获得激昂向上的人生。但是，在这个过程中，我们要认清自己，不能盲目自信。每个人都有优点，自信是在内心提醒自己看到自己的优点，从而把优点变成行动力，而不是明知做不到却故意为之。蜗牛可以爬上金字塔，但如果说它也能翱翔在蓝天，那就是自欺欺人了。

如果把我们的生命比作一片沃土，那么，自信心就是一粒生命的种子，它深藏在每个人的心里，随时都可能发芽并开出绚烂夺目的花朵。不要让属于你的这粒生命种子永远埋在土里。

挑战"不可能"，成功才不只是幻想

我要扼住命运的咽喉，它休想使我屈服。

——贝多芬

在自然界中，有一种十分有趣的动物，叫作大黄蜂。曾经有许多生物学家、物理学家、社会行为学家联合起来研究这种生物。根据生物学的观点，所有会飞的动物，必然是体态轻盈、翅膀十分宽大的，而大黄蜂的状况，却正好跟这个理论相反。大黄蜂的身躯十分笨重，而翅膀却出奇短小，依照生物学的理论，大黄蜂是绝对飞不起来的。而物理学家的论调则是，大黄蜂的身体与翅膀的比例，根据流体力学的观点，同样是绝对没有飞行的可能。简单地说，大黄蜂这种生物，是根本不可能飞得起来的。可是，在大自然中，只要是正常的大黄蜂，却没有一只是不能飞的，甚至于它飞行的速度，并不比其他能飞的动物慢。这种现象，仿佛是大自然和科学家们开了一个很大的玩笑。最后，社会行为学家找到了这个问题的答案。很简单，那就是——大黄蜂根本不懂"生物学"与"流体力学"。每一只大黄蜂在它成熟之后，就很清楚地知道，它一定要飞起来去觅食，否则会活活饿死！这正是大黄蜂之所以能够飞得那么好的奥秘。

由此可见，这世上没有绝对的"不可能"，只要敢于拼搏，一切皆有可能。

谈到"不可能"这个词，我们来看一看著名成功学大师卡耐基年轻时用的一个奇特的方法。

卡耐基年轻的时候想成为一名作家。要达到这个目的，他知道自己必须精于遣词造句，字典将是他的工具。但由于他小的时候很穷，接受的教育并不完整，因此"善意的朋友"就告诉他，说他的雄心是

"不可能"实现的。

年轻的卡耐基存钱买了一本当时最好的、最全面的、最漂亮的字典，他所需要的字都在这本字典里，而他对自己的要求是要完全了解和掌握这些字。他做了一件奇特的事，他找到"impossible"（不可能）这个词，用小剪刀把它剪下来，然后丢掉。于是他有了一本没有"不可能"的字典。以后他把整个事业建立在这个前提下，那就是对一个要成长，而且想要超过别人的人来说，没有任何事情是不可能的。

我们建议你从你的脑海中把"不可能"这个观念铲除掉。谈话中不提它，想法中排除它，态度中去掉它、抛弃它，不再为它提供理由，不再为它寻找借口。把这个字和这个观念永远地抛开，而用光明灿烂的"可能"来代替它。

翻一翻你的人生词典，里面还有"不可能"吗？可能很多时候，在我们鼓起雄心壮志准备大干一场时，有人好心地告诉我们："算了吧，你想得未免也太天真、太不可思议了，那是不可能的事情。"接着我们也开始怀疑自己："我的想法是不是太不符合实际了，那是根本不可能达到的目标。"

纵观历史上成就伟业的人，往往并非那些幸运之神的宠儿，而是那些将"不可能"和"我做不到"这样的字眼从他们的字典以及脑海中连根拔除的人。富尔顿仅有一只简单的桨轮，但他发明了蒸汽轮船；在一家药店的阁楼上，迈克尔·法拉第只有一堆破烂的瓶瓶罐罐，但他发现了电磁感应；在美国南方的一个地下室中，惠特尼只有几件工具，但他发明了锯齿轧花机；豪·伊莱亚斯只有简陋的针与梭，但他发明了缝纫机；贫穷的贝尔教授用最简单的仪器进行实验，但他发明了电话。

每一位在生活中、在职场上拼搏并希望获得成功的人，都应该敢于向"不可能"发出挑战，只有敢于突破"不可能"的心理障碍，走向成功才不会只是幻想。

当我们与不幸不期而遇时，退缩与逃避都是徒劳的，并且会让情况越变越糟。宿命论只是那些缺乏意志力的弱者的借口。所谓狭路相逢勇者胜，面对不幸和灾难，我们别无选择，只有做一个勇者、强者，才能蹚过命运这条河。

懂得欣赏自己，别人才会欣赏你

我们对自己抱有的信心，将使别人对我们萌生信心的绿芽。

——拉罗什富科

希尔曼身高不足 1.55 米，她的体重是 62 千克。她唯一一次去美容院的时候，美容师说希尔曼的体重对她来说是一个难解的数学题。然而希尔曼并不因为以貌取人的社会陋习而烦忧不已，她依然十分快乐、自信和坦然。其实最初希尔曼并不像现在这样乐观，那么是什么改变了她？

希尔曼还记得自己第一次跳舞时的悲伤心情。舞会对一个女孩子来说意味着一个美妙而光彩夺目的场合，起码那些时尚女人的杂志里是这么说的。那时假钻石耳环非常时髦，当时她为准备那个盛大的舞会，练跳舞的时候老是戴着它，以致疼痛难忍而不得不在耳朵上贴了膏药。也许是由于这膏药，舞会上没有人和希尔曼跳舞，希尔曼在那里坐了整整3小时45分钟。当她回到家里，希尔曼告诉父母亲，自己玩得非常痛快，跳舞跳得脚都疼了。他们听到希尔曼舞会上的成功都很高兴，欢欢喜喜地去睡觉了。希尔曼走进自己的卧室，撕下了贴在耳朵上的膏药，伤心地哭了一整夜。夜里她总是想象着，参加舞会的孩子们正在告诉他们的家长：没有一个人和希尔曼跳舞。

有一天，希尔曼独自坐在公园里，心里担忧着如果自己的朋友从这儿走过，在他们眼里她一个人坐在这儿是不是有些愚蠢。当她开始读一段法国散文时，文中有一个总是忘了现在而幻想未来的女人，她不禁想："我不也和她一样吗？"显然，这个女人把她绝大部分时间花在试图给人留下好印象上了，只有很少的时间她是在过自己的生活。在这一瞬间，希尔曼意识到自己整整数年光阴就像是花在一个无意义的赛跑上了，她所做的努力一点儿都没有起作用，因为没有人注意她。从此，希尔曼完全改变了自己。

我们没有必要生活在他人的评论中，更无须将宝贵的青春挥洒给他人看。不会欣赏我们的人我们可以不理会，但若不懂得欣赏自己，那就十分悲哀了。如果你对别人说你不欣赏自己，那么你一定会遭到很多人的不解甚至是唾弃。一个对自己充满信心的人，别人才会为你添一抹尊敬的色彩。

小兔子对刺猬说："我真羡慕你，长着一身刺，谁也不敢欺侮你。"小刺猬没想到有人会称赞它，高兴地说："我真羡慕长颈鹿，它能站得那么高，看得那么远，我可不行。"长颈鹿说："我真羡慕小猴子，它能爬得像我一样高，但也能到地面上喝水、采草莓，我可办不到。"小猴子抓抓后脑勺说："我真羡慕梅花鹿，它能在草地上跑得飞快，我不行。"梅花鹿的胆子很小，听到这话脸都羞红了。它说："我真羡慕……羡慕熊大伯，它胆子大，力气也大，碰到小树、枯枝挡路，它一巴掌就能把树劈倒。"熊听了这话笑了，它说："看来，生活不是十全十美的，我们都爱羡慕别人，但是我们也有被别人羡慕的地方。我们应该珍爱自己，为自己自豪……"大伙听了熊的话，心里挺暖和，就像太阳晒在身上一样。

其实每一个人都有自己的特长、优势，要学会欣赏自己、珍爱自己，为自己骄傲。没有必要因别人的出色而看轻自己，也许，你在羡慕别人时，自己也正被他人羡慕着。

每个人都是一颗闪光的星，都属于自己的星座。每个人都是一颗宝石，没有人可以阻止它的光芒。想让自己成为焦点，想让别人欣赏你，一定先要欣赏自己、相信自己，从而战胜一切艰难险阻，向更高峰攀登。

第六章

不纠结过往，不将就余生

适时地舍弃，走出人生低谷

人之一生，不可能什么东西都能得到，总有可惜的事情，总有放弃的东西。不会放弃，就会变得极端贪婪，结果什么东西都得不到。

——杜拉斯

"鱼，我所欲也；熊掌，亦我所欲也，二者不可得兼，舍鱼而取熊掌也。"当我们面临选择时，必须学会放弃。放弃，并不意味着失败。如果想兼得"鱼和熊掌"，恐怕连鱼也得不到了。

在人生紧要处，在决定前途和命运的关键时刻，我们不能犹豫不决、徘徊彷徨，而必须明于决断，敢于放弃。

因为，适时地舍弃一些东西，而非一味固执，才能避免遭受更多的坎坷。舍弃是为了更好地选择，更好地生活。

父亲给孩子带来一则消息，某一知名跨国公司正在招聘计算机网络员，录用后薪水自然是丰厚的，而且这家公司很有发展潜力，近些年新推出的产品在市场上十分走俏。孩子当然是很想应聘的。可在职校培训已近尾声了，如果求职并被聘用了，一年的培训就算白费了，连张结业证书都拿不到。孩子犹豫了。

父亲笑了,说要和孩子做个游戏。他把刚买的两个大西瓜放在孩子面前。让他先抱起一个,然后,要他再抱起另一个。孩子瞪圆了眼,一筹莫展。抱一个已经够沉的了,两个是没法抱住的。

"那你怎么把第二个抱住呢?"父亲追问。

孩子愣了,还是想不出招来。

父亲叹了口气:"唉,你不能把手上的那个放下来吗?"

孩子似乎缓过神来,是呀,放下一个,不就能抱上另一个了吗!

父亲说:"这两个总得放弃一个,才能获得另一个,就看你自己怎么选择了。"孩子顿悟,最终选择了应聘,放弃了培训。后来,他如愿以偿地成了那家跨国公司的职员。

是啊!如果你什么都不舍得,什么都想要,那又何来心想事成、梦想成真呢?

由美国励志演讲者杰克·坎菲尔和马克·汉森合作推出的《心灵鸡汤》系列读本,这些年来被翻译成数十种语言,感动、激励了无数的人。可是谁能想到在开始写作之前,马克·汉森经营的却是建筑业呢?

原来马克在建筑业经营彻底失败,自己也破产之后,果断地选择了放弃,选择了彻底退出建筑业,他决定去一个截然不同的领域创业。

他很快就发现自己对公众演说有独到的领悟和热情。一段时间之后，他成为一个具有感召力的一流演讲师。后来，他的著作《心灵鸡汤》和《心灵鸡汤2》双双登上《纽约时报》的畅销书排行榜，并停留数月之久。

马克放弃了建筑业，但是你不能简单地说他是个半途而废的人，要知道，在人生的关键问题上，能够果断放弃才能得到更多，获得成功。

人生的获得和丧失，很多都无法由我们自己来左右。有些时候，坚持未必就是好事，或许舍弃才是洒脱，是智者面对生活的明智选择。做一件自己做不到的事情，是对生命的一种浪费，所以有些时候只有学会舍弃，才能卸下人生的种种包袱，轻装上阵，走出人生的低谷。

正确的选择比努力更重要

人生中最困难者，莫过于选择。

——莫尔

我们在生活的路上走得不好，往往不是路太狭窄了，而是我们的眼光太狭窄了。堵死我们的生存和发展之路的并非他人，而恰恰是我们狭隘的眼光和封闭的心灵。

有一个非常勤奋的青年，很想在各个方面都比身边的人强。但由于他的方向有偏差，经过多年的努力，仍然没有长进，他很苦恼，就向智者请教。

智者语重心长地对他说了这样一句话："一个人要走自己的路，本身没有错，关键是怎样走；走自己的路，让别人说，也没有错，关键是走的路是否正确。年轻人，你要永远记住：选择比努力更重要。"

也许迫于生存，我们选择了一份可以糊口的职业，但这份工作并不那么容易，努力了，但就是做不到最好。有的人会指责你工作态度有问题，要真努力工作了，岂有做不好之理？

其实，归根结底并不是我们不够爱岗敬业，而是职业本身并不适合我们。换言之，要想真正把一项工作做得得心应手，就要选择正确的人生目标。那么，原来选错了怎么办？不要忧郁，放弃它，去把握属于你的正确方向。

一个人就是一条奔腾不息的河流，一路上你需要跨越生命中的重重障碍，才能有所突破，有所进步。

在这个过程中，有一点很重要，就是要清楚你到底要的是什么。如果只是为了工作而工作，为了不闲着而去忙，那么，当你碌碌地走完半生，回忆起来会后悔莫及。

有一位美国青年无意间发现了一份能将清水变成汽油的广告。

这位美国青年喜欢搞研究，满脑子里都是稀奇古怪的想法，他渴望有一天成为举世瞩目的发明家，让全世界的人都享用他的发明创造。

所以，当他看到水变汽油的广告时，马上买来了资料，把自己关在屋子里，不接待串门的客人，电话线掐断，手机关机，总之一切与外界的联系都被他切断了。他需要绝对的安静，需要绝对的专心，直到这项伟大的发明成功。

青年夜以继日地研究，达到了废寝忘食的程度。

每次吃饭的时候，都是母亲从门缝把饭塞进来，他不准母亲进来打扰他。他常常是两顿饭合成一顿吃，很多时候都把黑夜当作黎明。

善良的母亲看见自己的儿子越来越瘦，终于忍不住了，趁儿子上厕所的时候，溜进他的卧室，看了他的研究资料。

母亲还以为儿子的研究有多伟大，原来是在研究水如何变成汽油，这简直是不可能的事情。

母亲不想眼睁睁地看着儿子陷入荒唐的泥淖无法自拔，于是劝儿子说："你要做的事情根本不符合自然规律，别再浪费时间了。"

可他压根儿就不听，而是一昂头，回答说："只要坚持下去，我相信总会成功的。"

5年过去了，10年过去了，20年过去了……转眼间，他已白发苍苍，父母死了，没有工作，他只能靠政府的救济勉强度日。可是他的内心却非常倔强，屡败屡战，屡战屡败。

一天，多年不见的好友来看他，无意间看到了他的研究计划，惊愕地说："原来是你！几十年前，我因为无聊贴了一份水变汽油的假广告。后来有一个人向我邮购所谓的资料，原来那个人就是你！"

他听完这一番话，立刻疯了，最后住进了精神病院。

因为有太多坚持到底的故事，所以我们一直以为坚持就是好的，而放弃就是消极的思想。

其实坚持代表一种顽强的毅力，它就像不断给汽车提供前进动力的发动机。但是，在前进的同时还需要一定的技巧，如果方向不对，则只会越走越远，这时，只有先放弃，等找准方向再重新努力才是明智之举。这就是水变汽油的悲剧带给我们的启示。

每个人都有梦想，人类因梦想而伟大，没有梦想的人是会被社会淘汰的。为了实现自己的梦想，我们每个人都在努力。

现在的社会努力很重要，但是努力就一定会有一个好结果吗？不见得，我们曾为工作绞尽脑汁，我们曾为工作夜以继日，但我们得到的结果是什么呢？我们的梦想像肥皂泡一样一个个地破灭，直到现在依然两手空空。

21世纪的今天，正确的选择比努力更重要，努力一定要在选择之后。昨天的选择决定今天的结果，今天的选择决定明天的结果。选择不对，再多的努力也白费。

人生的悲剧不是无法实现自己的目标，而是不知道自己的目标是什么。成功不在于你身在何处，而在于你朝着哪个方向走，能否坚持下去。没有正确的目标就永远不会到达成功的彼岸。

放爱一条生路，给自己一点幸福

当你真爱一个人的时候，你会忘记自己的苦乐得失，而只关心对方的苦乐得失。

——罗曼·罗兰

也许你懂得选择，无论是简单的购物，还是对于工作、学习、生活的选择，你都能得心应手——选择最适合自己的。而当遇到爱情的时候，你却忘记了选择，或不会选择了。

不要忘记，爱也是可以选择的。如果想要拥有一份真正的爱情，也需要我们像买东西一样精心挑选。

如若出现了什么问题，我们也一样需要退换，不要在怨气中滞留。毕竟爱情是两个人的事情，彼此个性的不同会使爱情产生很多问题。当爱情真的走到绝路时，该怎样选择，将决定你一生的幸福。

"想了一年多，我想通了，还是放手让他走。"小冰说这话时，脸上有一种大彻大悟后的解脱。

前段时间，小冰曾拿着丈夫文清与另外一个女人的合影找到好朋友灵子，无助地"控诉"着文清的背叛，希望能找到留住文清的办法，其实那一次小冰就已清楚，心不在的男人留住人也没用。

小冰出生在一个小城市里，家里是当地有名的望族。冰雪聪明的小冰一直和在美院当老师的叔叔学习画画。而小冰与文清的爱情故事就萌芽于学习画画的过程中。

就在小冰大学二年级那年的暑假，叔叔利用暑期办起了美术培训班，爱好美术的文清报名参加了培训班。文清高大帅气，虽然只比小冰大一岁，但看上去很成熟。小冰很快就和文清熟悉起来，两人常常在一起聊画画、聊生活。

后来顺理成章，大学毕业后，两人走到了一起，组成了一个幸福的小家庭，直到小冰生下一个男孩，把精力放在了孩子身上之后，她才发现丈夫文清的变化，他每天回家很晚，有时心不在焉，经常接到电话就出去了。

深爱丈夫的小冰虽然觉察到了不对，但一直给丈夫找理由。直到后来从朋友那里得知了文清有外遇的事实，并有两人出入酒吧的合影，小冰才不得不面对这个事实。她虽然心痛得要命，但最后还是和文清摊了牌，文清说他爱上了那个女人，要和小冰离婚。

但小冰迟迟不肯签字，她一直在为自己寻找不离开文清的理由，她说，那是她倾注了全部青春年华的爱情啊，她从未想过没有了文清她还会爱谁。直到有一天，她站在湛蓝的大海边，看着一直带在身边的文清与另外一个女人的合影，看着两人满怀爱意的眼神，小冰忽然想通了：与其让自己的爱陷入重围，不如放手，放他们走吧，也给自己的爱一条生路。

当你的另一半已经对你冷漠的时候，很显然，你们的爱情已经出现了问题。如果可以补救那固然很好，可是有时爱情已经无法挽回，勉强在一起也没有好结果，甚至容易因爱生恨。那我们为什么不去做新的选择，放爱一条生路呢？

人生变化难测，更何况是不能用理性评判的爱情呢？不知你有没有想过，明知爱已经不在，可就是不肯放手，原因是什么呢？

"我就是要死拽着他，死也要拖死他！"当你说这句话的时候，很显然，不仅仅是他已经不爱你了，你也已经对他没有了爱。那么不放手的原因就是不甘心，不正确的自尊让你变得糊涂，让你执拗地牵拽着对方去继续已经没有结果的事情。

筋疲力尽的牵拽甚至可能让你变得疯狂，越加没有理性，做出一些过激的事情，从而丧失自尊。早知如此，何不及时放手做出新的选择。洒脱地爱，洒脱地放手，才能拥有真正的爱情。

在爱情上不要犯傻，要明白，爱也是可以选择的。放下心中的执着，给爱一条生路，你会拥有一片更美的风景，得到真正的幸福。

做自己想做的事

　　各人有各人理想的乐园，有自己所乐于安享的世界，追求你自己想要的，就是你一生的道路，不必抱怨环境，也无须艳羡别人。

——罗曼·罗兰

缔造舍得心态，表现在职场上，那就是做自己真正想做的事。

人生最快乐、最容易取得成功的，莫过于做自己真正想做的事。如果你问那些事业得意的人："为什么你认为你目前的事业颇为成功？"很多人都会回答："因为我现在从事的是我真正想做的事。"

孙虹的成功就表明了"兴趣与自决"的重要性。孙虹有两个公共卫生行政高等学位，父亲是内科医生，父母希望她往这方面发展，并帮助她付教育费用。

以所有的外在条件衡量，孙虹相当成功，她目前在公共卫生行政方面担任重要的主管职位，可是内心很不满足。工作上不断与别人发生冲突，更为重要的是，选择医学界本非其所愿，而是不愿违逆父母的意志的一种选择。

于是她想换工作，但不知道自己还能做什么。她想改变，可是怎么改？为此，她去找专家咨询。专家针对她已四十岁，内心对从一个基础稳固的行业转换至未知的行业非常害怕的情况，向她保证，虽然她可能需要花上一段时间去改变，可是一定做得到。针对她果断、独立自主、外向、有冒险精神、意志坚定、自信、想象力丰富、智慧高超的特点，目前的职位显然和她的个性不匹配。

专家对她说："我想，做生意很适合你，私人企业很喜欢独立自主的人，个性合适最重要，你对服务人群很有兴趣，不过可以换另一种方式。"

孙虹也这样认为，所以她先找到一家政府跟民间基金支持的机构，专门为低收入家庭提供家庭保健和育护的服务，后来孙虹觉得她的上司有问题，因而工作兴致全无。同时，她发现自己对清洁方面的事十分感兴趣，因而决定投身于清洁工作，尽管她父亲极力反对。

她先是选了10家大小不同的清洁公司，有些是大型的，专做办公大楼的生意；有些是中型的，大小客户都有。她还选了她住的小城里几家独资经营的公司，其中一家老板是位年纪稍大、声誉颇佳的男士。

与这位老板的谈话改变了孙虹的一生。这位老板——独资经营清洁公司的老板对孙虹的经历和兴趣印象深刻，他告诉她一直找不到肯苦干有毅力的助手，并提到自己很快就要退休，而他的清洁公司好到顾客多得应接不暇。后来他又跟孙虹见了一次面，同时介绍她看几篇文章。

一年以后，孙虹辞掉了原来的工作，从这位先生手上买下清洁公司，这位先生一直担任顾问，等到整个公司完全移交成功才离开。6个月后，她又买下另外两家清洁公司。第二年，她的个人净收入已经高达四万美元，更重要的是她主宰了自己的生活，获得了前所未有的成就感。

孙虹的经历，无疑对所谓的"成功"进行了诠释，那就是她所追寻的，是一份可以运用自身的才能、可以给予自己刺激和报偿的工作。

像孙虹这样的人，就是全凭自己寻找机会，自己"掷下骰子"去寻求目标。在他们看来，做自己不想做的事就是在浪费生命。

做自己喜欢做的事情，生活才会开心快乐；如果又能想办法从中赚到钱，获得一定的经济保障，用来维持生活，养家糊口，这样的好事何乐而不为呢？能实现这两条的话，可谓物质和精神双丰收了。

人的一生是短暂的，尽一切可能去实现自己的职场梦想吧！做喜欢做的事，在兴趣的驱使下，你的事业才能节节上升。

别把时间浪费在追忆上

往事永远消逝，回忆是徒劳的。

——普鲁斯特

淑娟是某校一位普通的学生。她曾经沉浸在考入重点大学的喜悦中，但好景不长，大一开学才两个月，她已经对自己失去了信心，连续两次与同学闹别扭，功课也不能令她满意，她对自己失望透了。

以前在中学时，几乎所有老师跟她的关系都很好，很喜欢她，她的学习状态也很好，学什么像什么，身边还有一群朋友，那时她感觉自己像个明星似的。但是进入大学后，一切都变了，人与人的隔阂是那样明显，自己的学习成绩又如此糟糕。现在的她很无助，她常常这样想：我并未比别人少付出，并不比别人少努力，为什么别人能做到的，我却不能呢？她觉得明天已经没有希望了，难道12年的拼搏奋斗注定是一场空吗？那这样对自己来说太不公平了。

进入一个新的学校，新生往往会不自觉地与以前作对比，而当他们面对困难和挫折时，产生"回归心理"更是一种普遍的心理状态。淑娟在新学校中缺乏安全感，不管是与人相处方面，还是自尊、自信方面，这使她长期处于一种怀旧、留恋过去的心理状态中，如果不去正视目前的困境，就会更加难以适应新的生活环境、建立新的自信。

不能尽快适应新环境，就会导致过分的怀旧。一些人在人际交往中只能做到"不忘老朋友"，但难以做到"结识新朋友"，个人的交际圈也大大缩小。这种行为将阻碍你去适应新的环境，使你很难与时代同步。回忆是属于过去的岁月的，而过去只存在于你的印象里，不属于现实的生活。一个人要想在以后的生活里不断进步，就要试着走出过去的回忆，不管它是悲还是喜，不能让回忆干扰我们今天的生活。

所以，不要总是表现出对现状很不满意的样子，更不要因此过于沉溺在对过去的追忆中。当你不厌其烦地重复述说往事，述说着过去如何时，你可能忽略了今天正在经历的体验。把过多的时间放在追忆上，会或多或少地影响你的正常生活。

在生活里，我们适当怀旧是正常的，也是必要的，但是因为怀旧而否定现在和将来，就会陷入病态，会阻碍我们前进的步伐。我们应该利用以前生活的酸甜苦辣来激励自己努力工作，并对未来有个美好的向往。

用"舍"来医治内心的贪婪

> 我宁可高尚地蒙受损失,也不愿卑鄙地去获取。
>
> ——西鲁斯

人生常患大病,病多由"贪"字而来。

庄子就曾这样形容:世上的人们所尊崇看重的,是富有、高贵、长寿和善名;所爱好喜欢的,是身体的安适、丰盛的食品、漂亮的服饰、绚丽的色彩和动听的乐声;所认为低下的,是贫穷、卑微、短命和恶名;所痛苦烦恼的,是身体不能获得舒适安逸、口里不能获得美味佳肴、外形不能获得漂亮的服饰、眼睛不能看到绚丽的色彩、耳朵不能听到悦耳的乐声,假如得不到这些东西,就大为忧愁和担心。

无论是金钱、物质还是情感上,人们一旦享受过多,所求便会更多。然而"贪"字却令人不知餍足,最后为了奢求不择手段。一个"贪"字,竟是如此折磨人,的确应当戒之。

就好像带着背包去旅行,装的东西越多,自己的脚步就会越沉重。所以,与其让自己在疲惫与痛苦中前行,不如将心里的包袱放下。做最简单的自己,做最快乐的自己。

彭泽少时家贫,苦志励学,明孝宗弘治三年考中进士,历官至刑部郎中,后因得罪宦官,被外放为徽州知府。

彭泽的女儿快要出嫁了,彭泽便用自己的俸银做了几十个漆盒当作陪嫁，派属吏送回家中，彭泽的父亲见后大怒，立刻把漆盒都烧了，自己背着行李奔波几千里来到徽州。

彭泽听说父亲突然来到，不知家中出了什么大事，忙出衙相迎，却见父亲怒容满面，一句话也不说。

彭泽见状，也不敢造次发问，见父亲满面风尘，又背负行李，便使眼色让手下府吏去接过行李。

彭泽的父亲更是有气，把行李解下，掷到彭泽的脚下，怒声道："我背着它走了几千里地，你就不能背着走几步吗？"

彭泽被骂得哑口无言，抬不起头来，只得背着行李把父亲请进府衙。

彭泽父亲进屋后，既不喝茶，也不落座，反而命令彭泽跪在堂下，府中官吏们纷纷上前为知府大人求情，全不济事，彭泽只得跪在父亲面前，却还不知为了何事。

彭泽的父亲责骂彭泽："你本是清贫人家子孙，如今做了几天官，就把祖宗家风全忘了，皇上任命你当知府，你不想着怎样使百姓安居乐业，却学着贪官的样儿，把宫中财物往自己家搬，长此下去岂不成了祸害百姓的贪官？"

彭泽此时方知父亲盛怒是为了何事，却不敢辩解，府中衙吏替他辩白说东西乃是大人用自己的俸银所买，并非官家钱物。

彭泽的父亲却说："开始时用自己的俸银，俸银不足便会动用官银，现在不过是几十个漆盒，以后就会是几十车金银。向来贪官和盗贼一样，都是从小开始，况且府中官吏也是朝廷中人，并不是你家奴仆，你却派人家跋涉几千里为自己女儿送嫁妆，这也符合道理吗？"

彭泽叩头服罪，满府官吏也苦苦求情，彭泽父亲却依然怒气不解，用来时手拄的拐杖又痛打了彭泽一顿，然后拾起地上还未解开的行李，径自出府，又步行几千里回老家去了。

彭泽受此痛责，不但廉洁自守，不收贿赂，而且不再挂心家里的事，一心扑在府中政务上，当年朝廷审核官员业绩，以徽州府的政绩最高。

彭泽受此庭训，可称得上是当头棒喝，他以后为官一生，历任川陕总督、左都御史、提督三边军务、兵部尚书等要职，都是掌握巨额军费，不要说有心贪污，即便按照常例，也会积累一笔十代八代享用不尽的财富。彭泽却为将勇，为官廉，死后破屋几间，妻子儿女的生活都成问题。之所以能清廉如此，自当归功于他父亲的教育。

彭泽清廉一世，值得学习。

事实上人人都有欲望，都想过充实幸福的生活，都希望自己能够丰衣足食，这在所难免，但不能把欲望变成不正当的欲求，变成无止境的贪婪。

在自己得到幸福的时候，别忘了给予他人帮助，这便是佛家所说的布施。布施并不是要我们倾尽所有，而是一种依靠"舍"来消除奢求的弊病，让自己的心胸敞开，而不要因为小名小利而变得心胸狭窄，惹人生厌。简单点说，就是要人们通过"舍"来医治内心的贪婪，回归真善美的本性。

我们总是放不下对利益的追逐，放不下对欲望的渴求，通过比较，我们或许寻求安慰，或者自惭形秽，殊不知，幸福需要自己来成全，学会放下，才能找到真正的幸福。

许多时候，我们应当换一个方法思考自己的"失去"，知道有舍才有得的人才能够更好地专注于工作；知道有舍才有得的人才能够在物欲横流的工作中保持淡定的态度，面对诱惑不动心；知道有舍才有得的人才能够豁达对待工作中的人和事，不会在工作中裹足不前，在挫折面前才能够笑脸面对，镇定处之。

放弃是通往幸福的必经之路

在人生的大风浪中，我们常常学船长的样子，在狂风暴雨之下，把笨重的货物扔掉，以减轻船的重量。

——巴尔扎克

俗话说："万事有得必有失。"得与失就像小舟的两支桨、马车的两个车轮，相辅相成。佛家讲："舍得，舍得，有舍才有得。"失去是一种痛苦，但也是一种幸福。所以，丧失与收获、追求与放弃，本就是生活中最平常不过的事情，我们应该以一种舍得心态看待得失。

要想采一束清新的山花，就得放弃城市的舒适；要想做一名登山健儿，就得放弃娇嫩白净的肤色；要想永远拥有掌声，就得放弃眼前的虚荣。菊、梅放弃安逸和舒适，才能得到笑傲霜雪的艳丽；大地放弃绚丽斑斓的黄昏，才会迎来旭日东升的曙光；春天放弃芳香四溢的花朵，才能走进硕果累累的金秋；船舶放弃安全的港湾，才能在深海中收获满船鱼虾。

一位作家多年前在日本某寺求得一帖，是为上上大吉。帖中许多内容都已忘怀，唯有一句因为经常被他炫耀的缘故，使他牢牢记下了："遗失之物能够找到，等待之人一定会来。"的确，没有比这更值得炫耀的预言了，把它移赠给谁都是吉祥祝福：前者为失而复得，后者则是如愿以偿，人生几乎不再有缺憾。

有一个聪明的年轻人，很想在所有方面都比他身边的人强，他尤其想成为一名大学问家。可是，许多年过去了，他的学业没有长进。他很苦恼，就去向一位大师求教。

大师说："我们登山吧，到山顶你就知道该如何做了。"

那山上有许多晶莹的小石头，煞是迷人。每次见到他喜欢的石头，大师就让他装进袋子里背着。很快，他就吃不消了。"大师，再背，别说到山顶了，恐怕连动也不能动了。"他疑惑地望着大师。"是呀，那该怎么办呢？"大师微微一笑，"该放下了，不放下，背着石头怎能登山呢？"

年轻人一愣，忽觉心中一亮，向大师道过谢走了。之后，他一心做学问，最终成了一名大学问家。

其实，人要有所得必要有所失，只有学会放弃，才有可能登上人生的巅峰。

放弃是一种智慧，放弃是一种豪气，放弃是真正意义上的潇洒，放弃是更深层次的进取！你之所以举步维艰，是你背负太重；你之所以背负太重，是你还不懂得放弃。你放弃了烦恼，便与快乐结缘；你放弃了利益，便步入超然的境地。

今天的放弃，是为了明天的得到。干大事业者不会计较一时的得失，他们都知道如何放弃、该放弃些什么。

学会放弃吧，放弃失恋带来的痛楚，放弃屈辱留下的仇恨，放弃心中所有难言的负荷，放弃浪费精力的争吵，放弃没完没了的解释，放弃对权力的角逐，放弃对金钱的贪欲，放弃对虚名的争夺……凡是次要的、枝节的、多余的，该放弃的都应放弃。

放弃，是一种境界，是通往幸福的一条必由之路。

该放就放，当松则松，这是一种智慧，也是一种洒脱。生活并不是完美无缺的圆，正因有了残缺，我们才会有梦。放弃也需要一种勇气，洒脱地将目光放在前方，才有可能远眺极致的风景。

第七章

不乱于心，不困于情

小小的快乐就是幸福

我们曾经为欢乐而斗争,我们将要为欢乐而死。因此,悲哀永远不要同我们的名字连在一起。

——伏契克

曾经有一个老人,一生坎坷,年轻时因战乱而失去了大部分的亲人,而他自己也在战火中失去了一条腿。然而不幸一再降临,他中年丧妻,继而又老年丧子,他不幸的一生,承受了人世间最刻骨铭心的悲痛。

尽管如此,他却依然爽朗而快乐地活着,并终于迎来了静谧而安逸的晚年。

有个年轻人觉得生活中充满了无尽的烦恼,不禁惊讶于老人爽朗而乐观的心态,他问老人,经受了这么多的苦难和不幸,为什么没有丝毫的苦痛和伤感。

老人沉默良久,随后将一片树叶举到年轻人的眼前,问道:"你看,它像什么?"

那是一片黄中透绿的叶子,乍一看并没有什么特别。年轻人想,这或许是白杨树叶,可是,它到底像什么呢?

"你不觉得它像一颗心吗?或者说它就是一颗心?"老人提示道。

年轻人仔细一看,那片树叶果然十分形似心的形状,内心禁不住微微一颤。

"再看看它上面都有些什么?"老人进一步问道。

年轻人凑近树叶,仔细观察,这才发现树叶上有许许多多大小不等的孔洞。但是,这又代表什么呢?

老人收回树叶,置于掌中,用他那浑厚而又带着沧桑的嗓音舒缓地说:"它在春风中绽出,在阳光中长大。从冰雪消融的春天到寒风萧瑟的深秋,它走过了自己的一生。在此期间,它经受了蚊虫的啃噬,雨水的冲刷,以至于千疮百孔,满目疮痍,然而它并没有因此而凋零,而是完完整整地度过了它的一生。它之所以得以尽享天年,完全是因为它热爱阳光、雨露,热爱生之养之的泥土,热爱自己的生命,同时也热爱生命中的一切磨砺和考验。只要能够生长在阳光下,接受雨露的滋润,就是最大的幸福,相较而言,其他的一切,又算得了什么呢?"

饱经沧桑的老人就像这片树叶,尽管无情的现实在上面留下了无法抹去的痕迹,他却依然故我地保持着心灵的完整。老人平和而淡然地面对自己的人生,不执拗于对充满苦痛的过往的回忆,而是坦然地享受着生的美好。没有过多的欲念的侵扰,没有过分的执拗与执着,老人葆有了笑容，因而也葆有内心的恬静与幸福。

幸福并不是什么高不可攀的人生终极理想，也不是某种特权。就像我们垂钓于江河，但见水波粼粼；卧身于绿野，望云彩之飘摇。幸福亦是如此，很多人以为拥有香车宝马、锦衣玉食是幸福，但这种"欲"过于庞大，让人不易消化，需要人们在追求这些东西的同时，放弃一些原本宝贵的东西，比如时间，比如爱好，比如简单的人际关系。当这些同样美好的事物逐渐被我们丢弃时，我们还能体会到生活细微处的满足与快乐吗？没有这些小小的满足与快乐，幸福又从何而得？

幸福并非三年小成、五年大成后的满足，因为大多数人都生活在平凡的俗世中，正因如此，幸福的真谛就是发于真性情，做自己喜欢做的事情，由此得到的小小快乐便是幸福。这种幸福简单而不花哨，真实而不虚浮，真真切切能感受到。

保持心中的一方净土

明知不可而为之的干劲可能会加速走向油尽灯枯的境地，努力挑战自己的极限固然是令人激奋的经验，但适度的休息绝不可少，否则迟早会崩溃。

——迈可·汉默

我们生活在世上，接受教育和训练的目的是什么呢？难道是为了得到别人口头上的称赞吗？当然不是，其实在这个世界上真正值得尊重的事情并不是那种无价值的所谓名声，而是做自己应该做的事情，而不追求其他多余的东西，即不产生任何贪欲。

有人问智者："白云自在时如何？"

智者答："争似春风处处闲！"

那天上的白云多么逍遥自在呀，它像那轻柔的春风一样，内心充满闲适，处于安静的状态。人也一样，没有任何的非分追求和物质欲望，放下了世间的一切，就能逍遥自在了。

保持自己的理性，不为虚妄所动，不为功名利禄所诱惑，才能体会到自己的真正本性，看清本来的自己。否则我们只能使自己的心灵处在一种烦恼不安的状态之中。

县城老街上有一家铁匠铺，铺里住着一位老铁匠。时代不同了，如今已经没人再需要他打制的铁器，所以，现在他的铺子改卖拴小狗的链子。

他的经营方式非常古老和传统。人坐在门内，货物摆在门外，不吆喝，不还价，晚上也不收摊。你无论什么时候从这儿经过，都会看到他在竹椅上躺着，微闭着眼，手里是一只半导体收音机，旁边有一把紫砂壶。

当然，他的生意也没有好坏之说。每天的收入够他喝茶和吃饭。他老了，已不再需要多余的东西，因此他非常满足。

一天,一个商人从老街上经过,偶然间看到老铁匠身旁的那把紫砂壶,因为那把壶古朴雅致,紫黑如墨,有清代制壶名家戴振公的风格。他走过去,顺手端起那把壶。壶嘴内有一记印章,果然是戴振公的。

商人惊喜不已,因为戴振公在世界上有捏泥成金的美名,据说他的作品现在仅存三件:一件在美国纽约州立博物馆;一件在中国台湾"故宫博物院";还有一件在泰国某位华侨手里,是那位华侨1993年在伦敦拍卖市场上,以56万美元的拍卖价买下的。

商人端着那把壶,想以10万元的价格买下它,当他说出这个数字时,老铁匠先是一惊,然后很干脆地拒绝了,因为这把壶是他爷爷留下的,他们祖孙三代打铁时都喝这把壶里的水。

虽然壶没卖,但商人走后,老铁匠有生以来第一次失眠了。这把壶他用了近六十年,并且一直以为是把普普通通的壶,现在竟有人要以10万元的价钱买下它,他转不过神来。

过去他躺在椅子上喝水,都是闭着眼睛把壶放在小桌上,现在他总要坐起来再看一眼,这种生活让他非常不舒服。

特别让他不能容忍的是,当人们知道他有一把价值连城的茶壶后,来访者络绎不绝,有的人来打听还有没有其他的宝贝,有的甚至开始向他借钱。他的生活被彻底打乱了,他不知该怎样处置这把壶。

当那位商人带着20万现金,再一次登门的时候,老铁匠没有说什么。他招来了左右邻居，拿起一把斧头，当众把紫砂壶砸了个粉碎。

现在，老铁匠还在卖拴小狗的链子，据说现在他已经106岁了。

通过这个故事可以看出，人到无求品自高，人无欲则刚，人无欲则明。无欲能使人在障眼的迷雾中辨明方向，也能使人在诱惑面前保持自己的人格和清醒的头脑，不丧失自我。

在这个充满诱惑的花花世界里，要想真正做到没有一丝欲望，像水一般平平淡淡、毫无牵挂的确很难。

要想做到无欲，首先要有静如止水的知足心态。

不受到外界的打扰，坚持走自己的道路，正确地思考和行动，就能消除你的欲望，心淡如水是生命褪去了浮华之后，对生活中那些细微处的感动，只有用感恩的心生活，在一种幸福的平静流动中度过一生，才能在人生感悟之中找寻到生命的意义所在，才能做到不为"欲"所牵连、不为"欲"所迷惑，在欲望充斥的浊世之中保持心中的一方净土。

人的一生是短暂的，最终我们将化为灰尘。既然生命如此短暂，我们就应该快乐地过好每一天。

不入名利的牢笼，才能专注于眼前

青藤攀附树枝，爬上了寒松顶；白云疏淡洁白，出没于天空之中。世间万物本来清闲，只是人们自己在喧闹忙碌。

——慧忠禅师

有一位高僧，是一座大寺庙的住持，因年事已高，心中思考着找接班人。

一日，他将两个得意弟子叫到面前，这两个弟子一个叫慧明，一个叫尘元。高僧对他们说："你们俩谁能凭自己的力量，从寺院后面悬崖的下面攀爬上来，谁将是我的接班人。"

慧明和尘元一同来到悬崖下，那真是一面令人望而生畏的悬崖，崖壁极其险峻、陡峭。

身体健壮的慧明，信心百倍地开始攀爬。但是不一会儿他就从上面滑了下来。慧明爬起来重新开始，尽管他这一次小心翼翼，但还是从悬崖上面滚落到原地。慧明稍事休息后又开始攀爬，尽管摔得鼻青脸肿，他也绝不放弃……

让人感到遗憾的是，慧明屡爬屡摔，最后一次他拼尽全身之力，爬到一半时，因气力已尽，又无处歇息，重重地摔到一块大石头上，当场昏了过去。高僧不得不让几个僧人用绳索将他救了回去。

接着轮到尘元了，他一开始也和慧明一样，竭尽全力地向崖顶攀爬，结果也屡爬屡摔。

尘元紧握绳索站在一块山石上面，他打算再试一次，但是当他不经意地向下看了一眼以后，突然放下了用来攀上崖顶的绳索。然后他整了整衣衫，拍了拍身上的泥土，扭头向着山下走去。

旁观的众僧都十分不解，难道尘元就这么轻易地放弃了？大家对此议论纷纷。只有高僧默然无语地看着尘元远去。

尘元到了山下，沿着一条小溪流顺水而上，穿过树林，越过山谷……最后没费什么力气就到达了崖顶。

当尘元重新站到高僧面前时，众人还以为高僧会痛骂他贪生怕死、胆小怯弱，甚至会将他逐出寺门。谁知高僧却微笑着宣布将尘元定为新一任住持。众僧皆面面相觑，不知所以。

尘元向其他人解释："寺后悬崖乃是人力不能攀登上去的。但是只要于山腰处低头看，便可见一条上山之路。师父经常对我们说'明者因境而变，智者随情而行'，就是教导我们要知伸缩退变啊！"

高僧满意地点了点头说："若为名利所诱，心中则只有面前的悬崖绝壁。天不设牢，而人自在心中建牢。在名利的牢笼之内，徒劳苦争，轻者苦恼伤心，重者伤身损肢，极重者粉身碎骨。"然后，高僧将衣钵锡杖传交给了尘元，并语重心长地对大家说："攀爬悬崖，意在勘验你们的心境，能不入名利的牢笼，心中无碍，顺天而行者，便是我中意之人。"

不去追求虚假的得益，实实在在地施为，高僧传达的正是这个意旨。在这个世界上，名与利通常都是人们追逐的目标。

虽然人人都道"富贵人间梦，功名水上鸥"，可真正要人放弃对名利的追求，如自断肱骨，是难而又难的。

谁不爱名利呢？名利能给人带来优渥的生活，显赫的地位，宝马香车排场十足。

然而，谁又能保证这种"心想事成"的梦幻生活，能保持五年、十年，甚至更久？13岁的李叔同就能写出"人生犹似西山月，富贵终如草上霜"的诗句，禅意十足。他自己也真正视名利如浮云，飘然出家。

一个人，心要像明月一样皎洁，像天空一样淡泊，才能做到与人无争、与世无争。人世皆无争，才能安心做一个淡泊的人。

世间的人在忙些什么呢？其实不外乎名、利两个字。万物自闲，全是因为人们自己在争名夺利。不入名利的牢笼，才能专注于眼前事、当下事，没有烦忧，达到洒脱的精神境界。

事能知足，就能多一些达观

清虚静泰，少私寡欲。旷然无忧患，寂然无思虑。

——嵇康

知足常乐，是一种难能可贵的修为。对沉沦于生存欲望的人类来说，能够做到知足实在不是件容易的事情。

知足是常态，事能知足心常惬。懂得了这一点，也就能获得常人难以获得的坦然和宁静。

知足就懂得珍惜，珍惜万事万物会使心灵得到前所未有的满足，是一种难能可贵且能给人带来幸福的生活态度。

很久以前，在西方净土，乌达雅纳王妃夏马伐蒂向阿难陀供养五百件衣服，阿难陀欣然接受了。

乌达雅纳王听说后，他怀疑阿难陀可能是出自贪心才接受了这些衣服。于是他探望了阿难陀，对阿难陀说："尊敬的阿难陀，你为什么一下子接受五百件衣服呢？"

阿难陀回答说："大王，有许多比丘都穿着破衣服，我准备把这些衣服分给他们。"

"那么，破旧的衣服做什么用呢？"

"破旧的衣服做床单用。"

"旧床单呢？"

"做枕头套。"

"旧枕头套呢？"

"做床垫。"

"旧床垫呢？"

"做擦脚布。"

"旧擦脚布呢？"

"做抹布。"

"旧抹布呢？"

"大王，我们把旧袜布撕碎了混在泥土中，盖房子时抹在墙上。"

阿难陀对一块布尚且如此珍惜，可见他对其他的事物及他人更是倍加地珍惜。人在珍惜和知足中才能累积起财富，令人过得安心。而有一颗知足且懂得珍惜的心，人才能过得快乐。

有一幅名字叫作"知足常乐"的画，上面的内容也许是一个古老的故事：一个骑高头大马的人昂首走在前面，一个骑毛驴的人悠闲地走在中间，走在后面的是满头大汗推着小木车的老汉，上面还有这么几行诗：世上纷纷说不平，他骑骏马我骑驴，回头看到推车汉，比上不足下有余。

知足常乐是一种看待事物发展的心情，不是安于现状的骄傲自满的追求态度。《大学》中有"止于至善"，是说人应该懂得如何努力达到最理想的境地和懂得自己该处于什么位置是最好的。

知足常乐，知前乐后，也是透析自我、定位自我、放松自我，才不至于好高骛远，迷失方向，碌碌无为。

知足是一种处世态度，常乐是一种幽幽释然的情怀。这种情绪贵在调节。可以从纷纭世事中解放出来，独享个人妙趣融融的空间，对内发现自己内心的快乐因素，对外发现人间真爱与秀美自然，把烦恼与压力抛到九霄云外，感染自身及周围的人，促进人际关系的和谐，进一步拥抱浅景淡色与花鸟鱼虫。

对事，坦然面对，欣然接受；对情，琴瑟各鸣，相濡以沫；对物，能透过下里巴人的作品，品出阳春白雪的高雅。做到知足常乐，待人处世中便充满和谐、平静、适意、真诚。这是一种人生底色，当我们都在忙于追求、拼搏而找不着方向的时候，知足常乐，这种在平凡中渲染的人生底色所孕育的宁静与温馨对于风雨兼程的我们是一个避风的港口。休憩整理后，毅然前行，来源于自身平和的不竭动力。真正做到知足常乐，人生会多一分从容，多一些达观。

古人的"布衣桑饭，可乐终身"是一种知足常乐的典范。

"宁静致远，淡泊明志"中蕴含着诸葛亮知足常乐的清高雅洁；"采菊东篱下，悠然见南山"中尽显陶渊明知足常乐的悠然；沈复所言"老天待我至为厚矣"表达了知足常乐的真情实感。更多的时候，知足常乐融合在"平平淡淡才是真"的意境中。

在一个小镇上，有个年轻人，他想追求幸福，但是又不知道什么是幸福，于是经人指引，找到了智者。当智者了解了年轻人的来意后，交给他一把盛满水的汤匙。年轻人不明白智者的意思，便向他请教，智者并没说什么，只让这个年轻人拿着装满水的汤匙外出游走一回，路上看到有什么风景回来告诉智者就行。年轻人端着汤匙边走边看，他经过热闹的集市，看到琳琅满目的商品，欣赏到悦目的景色，还有一个个如花似玉的女子。年轻人将这些景物一个不落地记在心底。下午，他回到了智者的家中。年轻人滔滔不绝地向智者讲述了自己所看到的一切,当他说完后,发现手中的汤匙早已滴水未剩。智者让他再去外面走一圈。这一次,年轻人小心翼翼地呵护汤匙,唯恐汤匙里的水流到外面,但是当他回来时,发现汤匙里的水虽然还在,但是脑子里面却是一片空白。这时候,智者对年轻人说道:"幸福就是你欣赏了美景的同时也守住了这汤匙中的水。"

智者的话令人深省,我们的美景在哪里,我们的水又是什么?实际上,美景一如美酒佳肴、旖旎风光,每时每刻都在挑动着我们无穷的欲望,而那汤匙里的水,就是我们内心的归宿。

知足常乐,是一种人性的本真,在孩童时代,我们会为拥有自己梦想得到的东西而喜上眉梢、笑逐颜开,烙下一串串深刻的记忆,今日重温,也许会忍俊不禁。无论行至何方、所处何位,知足常乐永远都是情真意切的延续。

量力而行,一步一步打开局面

野心勃勃会使你树立高不可攀的目标。对目标的追求要量力而行,着眼于自己的努力,而不要一心只想结果。

——阿里·基夫

拥有知足心态的人往往会量力而行,不管别人给他施加多少压力，或者前方有多少诱惑，他都不急不躁，沿着既定的路线缓缓而行。

蒋方初到广州时，曾为找工作奔波了好长一段时间，起初他见几个跑业务的同学业绩不俗，赚了不少钱，学中文专业的他便找了家公司做业务员，然而辛辛苦苦跑了几个月，不但没赚到钱，人还瘦了十几斤。同学们分析说："你能力不比我们差，但你的性格内向，不爱与人交谈、沟通，不善交际，因此不太适合跑业务……"

后来蒋方见一位在工厂做生产管理的朋友薪水高、待遇好，便动了心，费尽心力谋到了一份生产主管的职位，可是没做多久他就因管理不善而引咎辞职了。之后，蒋方又做过公司的会计、餐厅经理等，最终出于各种原因都被迫离职跳槽。

最后，蒋方痛定思痛，吸取了前几次的教训，不再盲目追逐高薪或舒适的职位，而是依据自己的爱好和特长，凭借自己的中文系本科学历和深厚的文字功底，应聘到一家刊物做了文字编辑。这份工作相比以前的职位，虽然薪水不高，工作量也大，但蒋方却做得非常开心，工作起来得心应手。几个月下来，他就以自己突出的能力和表现令领导刮目相看，让其对自己厚爱有加。回顾以往的工作历程，蒋方深有感触地说："无论是工作，还是生活，我们都应当根据自己的能力找到适合自己的位置。一味地追逐高薪、舒适的工作，曾让我吃尽了苦头，走了不少弯路。事实上，我们无论做什么事都应结合自身条件，依据自己的爱好和特长去选择相应的事来做。放弃那些不适合自己的选择，我们才会快乐。"

生活中，有人看到了巨大的利益，所以不停地调整自己的路线，甚至急躁地想要直奔利益的终点，可是急于求成的人往往会事倍功半。我们只能按照自己既定的生活之路，一步一步地为未来打开局面。不能急躁，只能量力而行。

不管做什么事情，认清自己的实力都是非常可贵的。人贵有远大理想，但是凡事应量力而行，欲速则不达。只有树立适当的目标，许下可行的愿望，才可能引导自己到达理想的港湾。

第八章

别和他人较真，
别和自己较劲

放慢脚步，做一场心灵瑜伽

　　人类的悲剧，就是想延长自己的寿命。我们往往只憧憬地平线那端的神奇玫瑰园，而忘了去欣赏今天窗外正在盛开的玫瑰花。

——戴尔·卡耐基

　　当你静坐时，你可以想象很多事情。此时，你的心也许是朵缓慢开放的鲜花。你还可以在想象中到达你所期望到达的一个安静的所在，那是一片远离了人群的白色海滩，或者是一座山中的小木屋。

　　你还可以用念祷文的方式来集中精力。任何你认为重要的词语都可以当作祷文，像"爱""平静"，以至于像人人都叫出的一声"呼""吸"。如果你心里不断重复同一句祷文，你就可以借此使思想集中起来，或者将杂乱无章的思绪从头脑中清除出去。反复在心里默念，不仅可以帮助你减轻心灵的重负，而且还有助于你达到更高层次的自我意识，并修得一种心灵和智慧的通透，达到一种物我两忘的境界。这就是瑜伽内心修炼的要旨。其实，瑜伽不只是一种修炼的方式，更是一种人生的态度，一种豁达的达观境界。

我们能够通过静思逐渐认识自己。我们与家人在一起时可以静思，工作时也同样可以静思。如果我们经常进行反思，就能逐渐清醒地认识到我们所做事情的价值。这种自我意识应比其他任何东西都更能使我们摆脱令人厌倦的工作。没有这种发自内心的自我意识，多数人会在生活中随波逐流，不明白自己做事的目的。

你无须定时定点，每天只用几分钟静坐沉思便可以了。

就像平时静思那样坐好，集中精力在每一次呼吸上，然后去想象爱、容忍、仁慈逐渐将你包围，占据你的整个心灵，使你感到爱的温暖，犹如置身于爱的怀抱中。在这种感觉和温暖中呼吸，让它延伸到全身，使全身都感觉到温暖。你可以按自己的愿望，长时间地享受这种情感，而不停地做深呼吸。每一次呼吸都会给你的心灵带来更多爱。做完之后，你会感到心情更加平静，更安详，更充满爱心。

这种寂静太美妙了，它把你与外部世界联系在一起，这一点在你不断遭受到外界噪声刺激时是无法做到的。你不妨试一试。晚上回到家后，不要忙着开电视，如果你是一人独处，那种没有人做伴儿的感觉也许很可怕，但如果你这样过几天，经过一个过渡性的阶段，你就有可能使自己适应了。听听外面来自大自然的声音。早晨静静地闭着眼睛享受一下安宁和温馨，听一听自己心灵的感受。

你还可以在家里为自己辟出一个清静的地方，安排一个夜晚，独自一人静静地待在家里；有可能的话，再去为自己安排一个一人独享的安静的周末。当然，假如你是独自生活，安排起来会容易得多，不过如果你的家人同你合作,你也能办到,全家人在一起也可以在家里享有一方寂静的空间。

这时,你会发现,当每天喧闹声消失后,你就会更充分自由地享受悦耳的声音。在某个夜晚放一段美妙的乐曲,在静谧的环境中,可以尽情地欣赏它。你还可以花点时间和你喜欢的人交谈,用心去听他说的每一句话。如果你有孩子,可以听听他们的戏谑玩耍和他们对世界的认识。

在人生的漫漫长路中,孤独常常不请自来。在广阔的田野上,在冷清的街头,在幽静的校园里,在深夜黑暗的房间中,你都能隐约感受到孤独。默享孤独,放慢自己前行的脚步,给心灵来一场瑜伽,你将收获别样的风景。

凡事不要太较真

一切本是身外之物!没有什么是自己的,不要妄图去占有,也不要去计较什么。不要妄图改造别人,要时常警醒自己。

——冰心

人们常说:"凡事不能太较真。"一件事情是否该认真,这要视场合而定。钻研学问要认真,面对大是大非的问题更要认真。而对于一些无关大局的琐事,不必太认真。不看对象、不分地点刻板地认真,往往会使自己处于尴尬的境地,处处被动受阻。每当这时,如果能理智地后退一步,往往能化险为夷。

与人相处,你敬我一尺,我敬你一丈;有一分退让,就有一分收益。相反,存一分骄躁,就多一分挫败;占一分便宜,就招一次灾祸。

对于那些蝇营狗苟、一副小家子气的人,你可能会觉得他们的表演实在可笑。但是,人人都有自尊心,有的人自尊心特别强烈和敏感,因而也就特别脆弱,稍有刺激就有反应,轻则板起脸孔,重则马上还击,结果常常是为了争面子反而没面子。多一点达观心态,多一点宽容退让之心,我们的路就会越走越宽,朋友也就越交越多,生活也会更加甜美。所以,要想成为一个成功的人,我们千万不能处处斤斤计较。

美国教育专家戴尔·卡耐基可以说是处理人际关系的"老手",然而他在年轻时,也曾犯过些小错误。

有一天晚上,卡耐基参加一个宴会。宴席中,坐在他右边的一位先生讲了一个幽默故事,并引用了一句话。那位健谈的先生提到,他所引用的那句话出自《圣经》。然而,卡耐基发现他说错了,他很肯定地知道出处,一点儿疑问也没有。为了表现优越感,卡耐基认真地纠正了过来。

那位先生立刻反唇相讥："什么？出自莎士比亚？不可能！绝对不可能！"卡耐基的话使那位先生一时下不来台，不禁有些恼怒。当时卡耐基的老朋友法兰克·葛孟就坐在他的身边。葛孟研究莎士比亚的著作已有多年，于是卡耐基向他求证。葛孟在桌下踢了卡耐基一脚，然后说："戴尔，你错了，这位先生是对的。这句话出自《圣经》。"

那晚回家的路上，卡耐基对葛孟说："法兰克，你明明知道那句话出自莎士比亚之口。"

"是的，当然。"葛孟回答，"在《哈姆雷特》第五幕第二场。可是，亲爱的戴尔，为了那么一点儿小事就和别人较起劲来，值得吗？再说，我们是宴会上的客人，为什么要证明他错了？那样会使他喜欢你吗？他并没有征求你的意见，为什么不保留他的脸面而说出实话得罪他呢？"

葛孟所说的道理人人皆知，但并非人人都能做到。正如他所说，一些无关紧要的小错误，放过去无伤大雅，那就没有必要去纠正它。这不仅是为了使自己避免不必要的烦恼和人事纠纷，而且也顾及了对方的名誉，不致给别人带来无谓的烦恼。这样做体现了为人的大度。

生活中有许多东西是可遇而不可求的，有时能有某种体验就足够了，不完美的才是真实的。这就是我们应该有的生活态度——达观一点儿，不属于你的，大概永远也不会属于你，譬如天上的月亮。

你想得到的东西最好顺其自然，如果它微笑着翩然而至，你就欣然接受；如果它无意降临，你又何必像放风筝似的，死死拽住它不放？

达观一点儿吧，凡事不要那么较真，这样你会发现你的内心会渐渐清朗，而思想的负担也会随之而减轻许多。的确，达观可以说是经历了万千风雨之后的大彻大悟；是领略了人生的峰回路转之后的空灵。

许多非原则的事情不必过分纠缠计较，凡事都较真常会得罪人，给自己设置障碍。鸡毛蒜皮的烦琐小事无须认真，无关大局的枝节无须认真，剑拔弩张的僵持则更不能认真。

以"随"为念，懂得放下

当你被欲望控制时，你是渺小的；当你被热情激发时，你是伟大的。

——罗曼·罗兰

有人说，世上从来没有命定的不幸，只有死不放手的执着。所以，不要总是羡慕他人的自在与洒脱。他们获得幸福的原因也很简单：不执着于缘。懂得放下，就可以开始新的人生，也便易得逍遥，快乐无穷。

真正的"放下"，是做了好事马上忘掉，有了痛苦的事情也马上丢掉。所以得意忘形与失意忘形都是没有修养的；换句话说，便是心有所住，不能解脱。一个人受得了寂寞，受得了平淡，无论怎样得意也是那个样子，失意也是那个样子，这才是有修养的。

真正的达观应该以"随"为念，懂得放下。世间没有永恒不变的东西，也没有绝对的真理和绝对完美的事物，人所能做到的就是"随"，顺时顺应，随性而行。

庄子临终前，弟子们已经准备厚葬自己的老师。庄子知道后笑了笑，说："我死了以后，大地就是我的棺椁，日月就是我的连璧，星辰就是我的珠宝玉器，天地万物都是我的陪葬品，我的葬具难道还不够丰厚？你们还能再增加点什么呢？"学生们哭笑不得地说："老师呀！若要如此，只怕乌鸦、老鹰会把老师吃掉啊！"庄子说："扔在野地里，你们怕飞禽吃了我，那埋在地下就不怕蚂蚁吃了我吗？把我从飞禽嘴里抢走送给蚂蚁，你们可真是有些偏心啊！"

一位思想深邃而敏锐的哲人，一位仪态万方的大师，就这样以一种浪漫达观的态度和无所畏惧的心情，从容地走向了死亡，走向了在一般人看来令人万般惶恐的无限的虚无。其实这就是生命。

在20世纪，一位美国的旅行者去拜访著名的波兰籍经师赫菲茨。他惊讶地发现，经师住的只是一个放满了书的简单房间，唯一的家具就是一张桌子和一把椅子。

"大师，你的家具在哪里？"旅行者问。

"你的呢？"赫菲茨回问。

"我的？我只是在这里做客，我只是路过呀！"这位美国人说。

"我也一样！"经师轻轻地说。

既然人生不过是路过，便用心享受旅途中的风景吧。每个人的一生都像一场旅行，你虽有目的地，却不必去在乎它，因为你的人生不只拥有目的地而已，你还有沿途的风景和看风景的心情，如果完全忽略了一路的风情，人生将会变得多么单调和无趣，还怎么称得上是一种享受呢？

每一道风景从眼前过了，每段缘分与自己重逢再离别，你仔细回味一番，充分享受个中的滋味，不必耿耿于怀得失，在痛苦时想想快乐，始终保持达观的心态，生命才会充满温暖柔和的色彩。

时间公平地对待每一个人，但人在生命的旅程中却不能停滞不前，总沉湎于过去。只有不停地向前走，才能冲破重重阻碍，得见白云处处、春风习习的旅行终点。

越诉苦越退步

永不抱怨的人生态度才是第一位的。

——马云

不管走到哪里，你都能发现许多才华横溢的失业者。当你和这些失业者交流时，你会发现，这些人对原有的工作充满了抱怨、不满和谴责。要么就怪环境不够好，要么就怪老板有眼无珠，不识才，总之，牢骚一大堆，积怨满天飞。殊不知，这就是问题的关键所在——到处诉苦的恶习使他们丢失了责任感和使命感，只对寻找不利因素兴趣十足，从而使自己发展的道路越走越窄，在自己的诉苦声中不断退步。

我们可以发现，几乎在每一个公司里，都有"牢骚族"或"诉苦族"。他们每天轮流把"枪口"指向公司里的任何一个角落，埋怨这个、批评那个，而且从上到下，很少有人能幸免。他们处处都能看到毛病，因而处处都能看到或听到他们的批评、怨言。

本来他们可能只是想发泄一下，但后来却一发而不可收。他们理直气壮地数落别人如何对不起他们，自己如何受到不公平待遇等，牢骚越讲越多，使得他们也越来越相信，自己完全是遭受别人践踏的牺牲品。对于不停抱怨的"诉苦族"来说，他们的诉苦只会妨碍和干扰自己的工作，终究受害最大的还是自己。

事实上，成功人士从不大发牢骚、抱怨不停，因为成功人士都明白这样的道理：诉苦如同诅咒，越诉苦越退步。

于强在一家电器公司担任市场总监，他原本是公司的生产工人。那时，公司的规模不大，只有几十个人，有许多市场等待开发，而公司又没有足够的财力和人力，每个市场只能派去一个人，于强被派往西部的一个市场。

于强在那个城市里举目无亲，吃住都成问题。没有钱坐车，他就步行去拜访客户，向客户介绍公司的电器产品。为了等待约好见面的客户，他常常顾不上吃饭。他租了一间破旧的地下室居住，晚上只要电灯一关，屋子里就有老鼠在那里载歌载舞。

那个城市的气候不好，春天沙尘暴频繁，夏天时常下暴雨，冬天天气寒冷，这对于强来说简直就是一个巨大的考验。公司提供的条件太差，远不如于强想象的那样。有一段时间，公司连产品宣传资料都供应不上，好在于强写得一手好字，自己用手写宣传资料。在这样艰苦的条件下，不抱怨几乎是不可能的，但每次抱怨时，于强都会对自己说："开拓市场是我的责任，抱怨不能帮助我解决任何问题。"他选择了坚持。

一年后，派往各地的营销人员都回到了公司，其中有很多人早已不堪忍受工作的艰辛而离职了。后来，于强凭着自己过硬的业绩当上了公司的市场总监。

即使在恶劣的环境下，于强也没有选择抱怨，对自己工作的坚持，使他在进步的阶梯上得到了飞速发展。

一名员工，无论从事什么工作都应当采取不抱怨、不诉苦的态度，应该尽自己的最大努力去争取进步。把不诉苦的态度融入自己的本职工作中，你才能不断地进步。

你是否能够让自己在公司中不断得到进步，这完全取决于你自己。如果你永远对现状不满，以抱怨的姿态去做事，到处诉苦，那你在公司的地位永远都不能得到改变，因为你根本就不能做出重要的成绩。

心安人静，让心境归于平淡

快乐是一种奢侈。若要品尝它，不可或缺的条件是心无不安。心若不安——即使稍受威胁，快乐就立刻烟消云散。

——司汤达

不知从什么时候开始，生活在钢筋水泥堆砌而成的城市里的人们为了适应越来越快的生活节奏而疲于奔命。

站在人潮汹涌的大街上，常常会看到形形色色的人迈着姿态各异的脚步南来北往，各种型号的车辆有如风驰电掣般穿行。正如我们的生活，忙碌似乎已成为我们生命的主旋律。与此同时，伴随而来的压力，使我们没有时间去慰藉自己的心灵，加之人生旅途中不可避免的挫折、失意、失败……很多人都说，是生活，剥夺了我们快乐的权利。

一个青年苦于现实生活的郁闷、惆怅，情绪非常低落，于是准备去庙里。到了寺院，但见寺庙里香客不断，檀香馥郁。

再看香客们的脸，一张张都写满坦然、安详、幸福，他有些迷惑：莫非佛门真乃净地，果真能净化众生的心灵？

流连寺院中，但见一位在枯树下潜心打坐的佛门老者，那入迷之态吸引了他。走近细看，老者那面露慈祥却心纳天下的表情强烈地震撼了他——原来一个人能超然物外地活着是这么美好！

他悄然坐在了老者身边，请求老者开示。他向老者谈了他心中的苦痛，然后问："为什么现代人之间钩心斗角，纷争不已？"

老者拈须而笑，铿锵而悠长地说："我送你一句佛语吧。"老者一字一顿说的是："爱出者爱返，福往者福来！"

青年幡然醒悟！

如果芸芸众生都能明白这个道理，这个世界岂不成了人间净土，又何来那么多的失意、忧烦、痛苦？

德国著名哲学家叔本华曾说："最大的快乐源泉是自己的心灵。"的确如此，获取快乐，回归平和的心境没有什么秘方，我们缺少的正是我们最需要的——达观的心态。生活不总是一帆风顺的，也正因为如此，我们的生活才有滋有味，才多姿多彩。保持一种达观的心态最为重要。

一个秀才模样的人悠闲地走在满是尘土的路上，这个秀才背着诗词，摇着脑袋，一副惬意的模样。

秀才出门已经一年多了，他原先是进京赶考的，但是考场失利，名落孙山。他在黯淡中度过了几个月的时光，整日借酒消愁，以泪洗面。两个月前，他和几个朋友共游兰若寺，与一禅师相谈，秀才道出了心中的苦闷。

禅师听后，说道："昨天早上与你说话的第一个人是谁？"

秀才答道："这个已经忘了。"

禅师接着问道："那明天你会遇到什么人？"

秀才说："这个我哪里知道，明天还没来。"

禅师说："此时此刻，你面前有谁？"

秀才愣了一下，说："我面前当然是禅师您啊！"禅师轻轻点头道："昨天之事已忘却，明日之事尚未来，所能把握唯在此刻，施主又何必对过去之事耿耿于怀，因为明天不可知，昨日已过去，不如放下挂念，平淡对之，你并没失去什么，不过是重新开始。"秀才瞪大双眼，等着禅师继续说下去。

禅师说道："既然又是新的开始，又何来执着于以前？如潺潺溪水，偶被沙石所阻，但其终究万里波涛始于点滴。施主可曾明白了？"秀才微笑着点点头，此刻的他，已经有了新的打算。

在京城办完了一些事情后，这个秀才告别朋友，踏上了回家的路途。他决定三年之后，再回来考一次。

常人说，我们害怕失败，是因为我们想得太多，想得太多是因为情绪太盛。秀才考场失败后，精神颓唐，好在他及时醒悟——心境归于平淡，目标才得以重新确立。

从这个秀才身上，我们看到的并不是放弃后的心如止水、两眼迷离，而是再度树立信心后的达观，因为这种达观，我们不再对过去的遗憾耿耿于怀，不再对未知的将来做不肯定的畅想，重要的是把握住现在。

从这个角度来说，平淡生活倒不一定是平静淡雅，因为内心永远充满着激情，只不过这份激情用一种更为实在的方式表现出来，正因如此，在生活的节奏一如既往地向前推进的同时，我们才能风吹而不动，地动而不陷。

心安人静，却依然能做出大事情来，这是因为他们有自己达观的心态，不媚俗，懂追求，不以世俗的观念影响自己的选择。许多人之所以活得累，其根本就在于将简单的事情想得复杂，做得复杂，从而自我设限，备受煎熬。

让生命之杯盛满希望之水

希望是附于存在的，有存在，便有希望；有希望，便是光明。

——鲁迅

世事无常，我们随时都会遇到困难和挫折。遇见生命中突如其来的困难时，你都是怎么看待的呢？不要把自己禁锢在眼前的困苦中，心态达观一点，心存希望，当你看得见成功的未来远景时，便能走出困境，达到你梦想的目标。

在一个偏僻遥远的山谷里的断崖上，不知何时，长出了一株小小的百合。它刚出生的时候，长得和野草一模一样，但是，它的内心深处有一个纯洁的念头："我是一株百合，不是一株野草。唯一能证明我是百合的方法，就是开出美丽的花朵。"它努力地吸收水分和阳光，深深地扎根，直直地挺着胸膛。在野草和蜂蝶的鄙夷下，百合努力地释放内心的能量。百合说："我要开花，是因为知道自己有美丽的花；我要开花，是为了完成作为一株花的庄严使命；我要开花，是由于自己喜欢以花来证明自己的存在。不管你们怎样看我，我都要开花！"终于，它开花了。它那灵性的白和秀挺的风姿，成为断崖上最美丽的风景。年年春天，百合努力地开花、结籽，最后，这里被称为"百合谷地"。因为这里到处是洁白的百合。

我们生活在一个竞争十分激烈的社会，有时在某方面一时落后，有时困难重重，有时失败连连，甚至有时被人嘲笑……无论什么时候，我们都不能放弃努力；无论什么时候，我们都应该像那株百合一样，为自己播下希望的种子。内心充满希望，它可以为你增添一分勇气和力量，它可以支撑起你一身的傲骨。当莱特兄弟研究飞机的时候，许多人都讥笑他们异想天开。但是莱特兄弟毫不理会外界的说法，终于发明了飞机。当伽利略以望远镜观察天体，发现地球绕太阳而行的时候，教皇曾将他下狱，命令他改变主张，但是伽利略依然继续研究，并著书阐明自己的学说，他的研究成果后来终于获得了证实。最伟大的成就，常属于那些在大家都认为不可能的情况下，却能坚持到底的人。坚持就是胜利，这是成功的一条秘诀。

　　人生的不如意、挫折、失败对人是一种考验，是一种学习，是一种财富。我们要牢记"勤能补拙"，既能正确认识自己的不足，又能放下包袱，以最大的决心和最顽强的毅力克服这些不足，弥补这些缺陷。在不断前进的人生中，凡是看得见未来的人，也一定能掌握现在，因为明天的方向他已经规划好了，知道自己的人生将走向何方。留住心中的"希望种子"，相信自己会有一个无可限量的未来，心存希望，任何艰难都不会成为我们的阻碍。

　　当我们处于困境中，当我们面对失败时，当我们面对重大灾难时，只要我们仍能在自己的生命之杯中盛满希望之水，那么，无论遭遇什么样的坎坷不幸之事，我们都能永葆快乐的心情，我们的生命才不会枯萎。